10 種成交策略 ×8 種話術表達 ×10 種暗示效應
拒絕當「一次店」，首次交易就建立長久客群！

走出價格僵局
超預期價值
激增回購率

樂律

OUTPERFORMING VALUE

▶ 精確分析顧客心理，找到潛在購買動機
▶ 改善自身溝通技巧，在對話中建立信賴
▶ 轉化猶豫為行動力，創造更高成交機會

心一 著

客戶看似找碴的行為，反而說明他們很有購買意願？
用自信取代尷尬陪笑，引導對方找出最適合的商品！

目錄

前言　　上帝從未虧欠過每一個竭盡全力的人　　005

第一章　銷售是一門講究的技術　　009

第二章　先搞定自己
　　　　──成為客戶首選的業務員　　047

第三章　搞定客戶，要先剖析他們的內心世界
　　　　──猜中客戶心思　　087

第四章　銷售心理戰
　　　　──打贏攻心戰，訂單自然落袋　　117

第五章　銷售中的說話藝術
　　　　──話到點子上，客戶自然下單　　153

第六章　解讀「微反應」
　　　　──捕捉客戶已經被說服的細微徵兆　　205

第七章　銷售前必懂的十大心理學效應　　243

目錄

前言
上帝從未虧欠過每一個竭盡全力的人

你是否想提高你的業績？

你是否想增加你的收入？

身為業務人員，誰不想呢？

但現實卻是跑單跑得很累，賺錢賺得很少。每天總是忙忙碌碌，每月總離目標差一點點：

開發了一百個客戶，也難成交一個；

出去拜訪客戶，客戶根本不理你，或者乾脆在櫃檯就被擋在門外了；

好不容易進了客戶辦公室，沒談幾句就被打發出來了；

好不容易碰到一個願意交談的客戶，單子又被同行搶走了；

好不容易搞定一個客戶，對方卻拚命壓價，成交後利潤還是很低；

好不容易賺點利潤，客戶拖著就是不回款⋯⋯

這就是各行各業的銷售現狀。

其實，成功的銷售很簡單，在銷售過程中遇到的這種種麻

前言

煩，說白了，都是業務員沒有掌握銷售的精髓。銷售不懂技巧，不講究方法，就猶如在茫茫的黑夜裡行走，永遠只能誤打誤撞。只要掌握正確的銷售技巧和業務方法，就沒有賣不出去的產品，沒有簽不了的合約。

有一位專門負責推銷裝幀圖案的年輕人布魯克，他在向一家公司推銷裝幀圖案時，幾乎每個星期都要到這家公司跑一趟，有的時候甚至一星期去好幾次。就這樣跑了一年多，這家公司還是沒有與他達成交易。

公司的主管人員總是先看看草圖，然後充滿遺憾地告訴他：「你的圖案缺乏創新，還是不能用，對不起……」

當時，布魯克幾乎沒有勇氣再登這家公司的大門了。然而一個偶然的機會，他讀到了一本在銷售中如何影響他人行為的心理學方面的書籍，深受啟迪，便決定採用一種新的方法試試。

這次，布魯克帶著未完成的草圖去拜見公司的主管人員。一見到那位主管人員，他便懇切地請求道：「我想麻煩您幫我個忙！我這裡有一些未完成的草圖，希望您能從百忙中抽空給我指點一下，以便我們能夠根據您的意見將這些裝幀圖案修改完成。」這位主管人員答應了他的請求，對著他的那些草圖提出了一些自己的看法。

幾天之後，布魯克又去見那位主管人員。這次，他帶來的是根據主管的意見修改完成的裝幀圖案。最後，這批裝幀圖案全部推銷給了這家公司。

上帝從未虧欠過每一個竭盡全力的人

此後，布魯克又用同樣的方法成功地推銷了許多裝幀圖案，他自己也因此獲得了豐厚的報酬。

布魯克的「銷售布局」不可謂不妙，他深知每個人對自己參與創造或與自身有關的事物都會抱著支持的態度。因此，在產品上附加一些與顧客自身有關的資訊，就能更好地為產品開通銷路。

銷售是「讀心」的工作，對一名業務員而言，最重要的銷售技巧便是猜透客戶的心思，抓住客戶的軟肋，從而有效地說服客戶，以心攻心，見招拆招，這樣業務工作才能進入一個「知己知彼、百戰百勝」的境界。

市場不相信眼淚，職場也不同情弱者！銷售就是一種以結果論英雄的遊戲，銷售就是要搞定客戶，拿到訂單。對於業務員來說，除了成交，別無選擇。但是，客戶在大多數時候卻總是那麼「不夠朋友」，經常「賣關子」，業務員唯有解開其「心結」，才能順利實現成交。可以說，能讀懂客戶內心活動的業務員，永遠不必為自己的前途擔心。

對於我們來說，努力是唯一能掌控的變數，是唯一的選擇。

這世間沒有天才，所謂的天才只是努力，努力，再努力。你不努力，誰也給不了你想要的生活！唯有努力，才能配得上更好的明天！相信自己，努力奔跑吧！因為這個世界，不曾虧欠每一個努力的人！

前言

第一章
銷售是一門講究的技術

第一章　銷售是一門講究的技術

誰說業務員不是藝術家？

「G－W－G」這個從貨幣到商品，商品再到貨幣的流動過程就是資本增值的過程，其中「W－G」階段的變化既重要又困難，「是驚險的一躍」。如果不能實現這一跳躍，那麼「摔壞的」（即利益受損的）將「不是商品，而是商品的所有者」。毫無疑問，業務員就是完成這一躍的藝術家。

魯凡諾·普洛奇是一個成功的企業家，同時他又是一個典型的業務專家。從14歲起，普洛奇就利用課餘時間在附近的一家商店打工。在他讀高三的時候，商店老闆交給他一項賣香蕉的任務。有一船冷凍受損的香蕉，雖然吃起來味道仍舊很好，但外皮黑乎乎的，如按正常銷售，顧客一定不願購買。當時4磅重的香蕉可賣25美分，老闆建議普洛奇可以按4磅18美分的價格推銷，如沒人購買，再降低價錢。

普洛奇接受任務後覺得很為難，便動腦筋想出了一個巧妙的辦法。他把香蕉擺放在店門前，叫賣道：「出售阿根廷香蕉！」其實根本沒有阿根廷香蕉，但這個名字卻挺有趣的，聽起來既高貴又新奇。於是許多人來看這些黑乎乎的東西。普洛奇又繼續說服他的「聽眾」道：「這些古怪的香蕉是一種新型水果，第一次外銷美國。為了優待大家，我準備以驚人的低價1磅10美分出售（這個價格比沒有受損的香蕉幾乎貴了一倍）。」幾小時之後，普洛奇竟將香蕉全部賣光了。

誰說業務員不是藝術家？

雖然普洛奇這種偷梁換柱的促銷手段並不可取，但是他很好地利用了消費者的獵奇心理，將本來低價都不易賣掉的商品在高價的情況下銷售一空。從資本增值的角度講，普洛奇絕對是當之無愧的「藝術家」。

好奇是人們的特性，聰明的業務員常常會利用消費者的獵奇心理，成功地進行推銷。正如美國廣告專家里奧‧伯內特所言：「只有占領頭腦，才會占有市場。」只有先占領消費者的頭腦，你的產品才會激起消費者的購買欲望。

廣告宣傳就可以有效地幫你做到這一點。廣告是一個引起消費者注意自己產品的過程。一個好的廣告能很好地抓住消費者的心理特點和規律，透過自己的創意與這些特點和規律產生一種共鳴。這樣的廣告才能產生強烈的衝擊力，打動消費者，從而挑起他們的購買欲望。

在正常情況下，難以銷售的商品或者難以攻克的客戶，不妨考慮採用一些違背人們思維定勢的方式進行宣傳與銷售，以出人意料的方式來達到出奇制勝的效果。

某品牌名錶問世之初，公司非常重視產品宣傳，在各種媒體上投放了不少的廣告，但是手錶卻並沒有因此而受到消費者的賞識與認可。事實證明，用常規的廣告宣傳與已經在消費者心中樹立了牢固地位的著名手錶品牌來競爭，難以奏效。

那麼，要如何才能打開銷售的局面呢？該品牌決定採用一

第一章　銷售是一門講究的技術

種能讓顧客有意願去期待、參與，並且眼見為實的行銷戰術。於是，釋出了一條令人吃驚的消息：「某日公司將動用一架飛機在某地拋下一批手錶，誰撿到就歸誰。」

人們對這一促銷方式大為好奇。果然，時間到了，一架直升機飛臨因好奇而來的人群的上空，在幾百公尺高處向就近空地上撒下一片「錶雨」。人們急奔過去撿錶，發現這些「大難不死」的手錶居然走動正常，在拿到手錶的同時，人們全都為這些錶的精良耐用感到吃驚。

在這個廣告之後沒有多久時間，該品牌手錶名聲大震，震撼了整個鐘錶業。

對於已經成名的企業，或者有著穩定的客群的商家來說，在出奇制勝的促銷手段之外，還可以有很多其他產品訴求。比如技術的積澱、品質的傳承、一直以來合作甚歡的情誼等。在這種情況下，選擇的餘地相對比較大。但是，對於初開創的企業或者新的業務人員而言，能否在銷售中出奇制勝，幾乎將直接決定企業能否為未來的生存與發展打下好的根基。

在銷售過程中如果只是一味參照傳統做法，雖然做法上中規中矩，甚至有據可依，但是也容易陷入重重競爭之中。這時候我們不妨換一種方式，如果能夠在銷售中製造出合理的懸念，那麼受眾的好奇心就足以幫助你在行業內異軍突起。

利普頓是美國一位聲名顯赫的企業家。早年，他開了一家

食品店，為了宣傳商品，他請來了漫畫大師每星期在店外的櫥窗裡畫一幅漫畫。幾個月過去了，似乎沒什麼人發現利普頓櫥窗裡的變化，食品店仍然門可羅雀。

利普頓十分苦惱，照這樣下去，食品店怕撐不了多久了。一天，他靈機一動，請漫畫大師畫了一幅別出心裁的漫畫。畫面是這樣的：一個愛爾蘭人背著一隻痛哭流涕的小豬，對身邊的人說：「這頭可憐的小豬成了孤兒，牠的所有親屬都被送到利普頓食品店加工成火腿了。」

漫畫貼出後，不少人在櫥窗外觀看，有些人則開始走進店裡來買食品了。

利普頓緊緊抓住這個機會大做文章，他把兩隻最肥、最大的活豬拴在櫥窗外，豬身上還掛滿了美麗的綵帶。櫥窗內貼上一條醒目的橫幅──「利普頓孤兒」。漂亮的大活豬和漫畫上可憐的小瘦豬形成了鮮明的對照。

櫥窗內外生動而奇特的陳列吸引了成千上萬的過路人，人們絡繹不絕地前來觀賞，兼來購買食品。從此之後，利普頓食品店的知名度迅速提高了。

當絕大多數人往左走，只有一個人特立獨行地向右走，那麼人們首先記住的絕對是這個特例。因為這種與眾不同、違反常理的方式足以觸動人們的好奇心，讓人們不自覺地去追根究柢，不同的人會從不同的側面去推敲這種一反常態的做法。有些人會去論證新奇事物的合理性，有些人會去探究新奇做法的出發點

第一章　銷售是一門講究的技術

和動機,有些人則僅僅想知道這究竟是怎麼一回事。但無論人們持有什麼樣的想法,好奇心都能夠驅使人們去關注,去討論。

當然,在設計這些新奇的做法時,一定要考慮到其可行性,不要單純為了追求新、奇、特的形式,做出一些實施起來容易導致場面失控,或有悖道德準則的促銷行為。因為這樣做往往會弄巧成拙,造成一些不必要的麻煩。人們喜歡的是合情合理的新鮮事物,卻不喜歡別人顛覆他們的觀念與傳統。

贏單的關鍵是讓客戶自己說「是」

心理學家研究發現,在潛意識層面,沒有人願意做一個沒有主見和自我判斷的人,所以當其他人把觀點強加給某個人的時候,這個人最先的反應是戒備與不舒服。但是,如果某個決定是他自己做出的,那麼情形將會變得大不一樣,因為這一次要堅持的內容不再是對他人觀點的懷疑,而是對自我判斷的認同與強化。

一個中年男人走進一家百貨公司。今天值班的是經理吉米,他看到中年人後,馬上迎上前去有禮貌地招呼:「您好,先生需要點什麼?」

中年人攤開手,聳聳肩說:「我什麼都不需要。我只是休假三天,實在閒得無聊,出來隨便轉轉。」

贏單的關鍵是讓客戶自己說「是」

吉米笑道:「哦,休假嗎?太好了,這麼好的天氣為什麼不去威斯堡林場打獵呢?那裡可是個美麗的地方啊,野兔和黃羊多得打都打不完。另外,你還可以在那邊來一次野外燒烤。」

中年人怔了一下說:「是呀,我怎麼沒想到呢!」於是他隨著吉米到娛樂部買了一把德國產的獵槍。

吉米接著說:「先生,你去打獵晚上肯定是回不來了!既然去野外玩,就玩個痛快吧!那裡晚上還有篝火晚宴,你可以自帶一個小帳棚和睡袋,很方便的。」於是中年人又毫不猶豫地買下了小帳棚和睡袋。

買完這些東西,中年人正打算走時,突然又回過頭來說:「可是我的汽車太不適合那裡的山路了。再說開一輛豪華的汽車去打獵,也展現不了那種野外的情趣。」

「不要著急,先生。這很好辦,請隨我來。」說著吉米又把中年人帶到了汽車部,這裡有幾款非常漂亮的越野車是專門對外租賃的。於是,中年人又租下了一輛漂亮的越野車。

由此可見,從一開始,業務員就需要想辦法與你的客戶在某些問題上不斷達成一致的看法。但是這並不等同於讓客戶完全漫無邊際地想像與自由發揮,業務員一方面需要讓客戶持續地認為他是在以自我為中心的模式下做出的決定,另一方面需要用可供選擇的範圍來引導他的決定。

有位年輕的女士去商店購買衣服,她一踏入服飾店,店員就立刻過來招呼。

第一章　銷售是一門講究的技術

店員問道:「您喜歡什麼樣的顏色呢?」

女士看了看掛在架子上的衣服說:「我覺得這種香檳色的不錯。」

店員馬上介紹:「這種顏色當下很被推崇,追求時尚的人士都特別喜歡。」

女士點了點頭,表示贊同。

對方馬上又說:「這裡有幾款風衣,正是您所喜歡的顏色,面料中新增了蠶絲,穿在身上會感覺輕柔,質感非常好,我想您一定識貨。」

女士又點了點頭,表示對面料的認可。

店員繼續著她的引導式提問:「那您喜歡其中哪個款式呢?」

女士回答:「我覺得單排扣帶腰帶的那款不錯。」

「哇,您真有眼光!這種款式的設計簡潔大方,又不失個性,而且很適合您的身材。」

就這樣,這位女士一一回答了店員的詢問,最後,順利地在對方推薦的幾件衣服中「獨立自主」地選擇了一件。

這位店員可謂頗有「心計」,其高明之處就在於:她可以讓顧客從一開始就說「是」,使買方忘卻了與賣方所處立場的不同,而更容易使銷售達成一致。實際上,該店員雖然只是提出一連串的問題,但其效力卻在於順應了顧客的心理,封住了顧客的嘴,讓對方產生錯覺,以為一切都是自己下的結論!

贏單的關鍵是讓客戶自己說「是」

當一個人說「不」時，他的所有人格尊嚴都已經行動起來，要求把「不」堅持到底。事後他也許會覺得這個「不」說錯了，但是他必須考慮到寶貴的自尊心而堅持下去。因此，使對方採取肯定的態度，是一件特別重要的事。

這雖然是一種非常簡單的技巧，但卻被許多人忽略了。所以，在說服別人的時候，聰明的做法不是以討論異議作為開始，而是以強調且不斷強調雙方所同意的事情作為開始。如果沒有雙方所同意的事情作為開始的話，那就盡量拉近雙方的距離，至少不要讓對方排斥，然後再慢慢引導對方。

約翰是長島的一個中古汽車經銷商。一天，他的店裡來了一對年輕夫婦。他向這對夫婦推薦了許多車，費盡了口舌，然而他們對每輛車都能找出毛病。就這樣，他們在選遍了庫存的所有中古車後，空手而去。

約翰不愧為一個出色的商人，他不僅沒有表現出任何不滿，而且還留下了這對夫婦的電話號碼，表示有好車時就告訴他們。

約翰分析了兩人的心理後，決定改變策略：不再竭力向顧客推銷車，而是讓他們自己下決心買車。

幾天後，當一個要賣掉舊車的顧客光臨時，約翰決定試一下新策略。他打電話請來了那對夫婦，並說明是讓他們來提幾點建議的。那對夫婦來到後，約翰對他們說：「我了解你們，你們都是通曉汽車的人。你們能否幫我看看這輛車值多少錢？」這對夫婦十分吃驚，汽車經銷商竟然請教起他們來了。

第一章　銷售是一門講究的技術

丈夫檢查了一會兒，又開了五分鐘，然後說：「如果能花300美元買下，就不要猶豫。」「假如我花這麼多錢把車買下，你不想再從我這裡買走嗎？」約翰問道。「當然，我馬上可以買下。」就這樣，這筆買賣很快就成交了。

每個人對強迫他做的事都會感到不快，無論誰都喜歡根據自己的意願行事。約翰的聰明之處就在於他看到了這一點。聰明的人並不只有約翰一個，猶太人布拉德利也是一個能夠了解人們這種心理的人。

布拉德利最初在向客戶推銷保險時，一見到客戶便向他們介紹保險的好處，同時還向對方大講現代人不懂保險帶來的不利。最後他還會說：「最好你也買一份保險。」可是無論布拉德利怎麼說，始終很少有人向他買保險。一個月下來，他沒有拿到幾份保險訂單。

後來布拉德利經過仔細思考，改變了策略，不再對客戶誇誇其談，而是換了一種交談的方式。

「您好！我是國民第一保險公司的業務員。」布拉德利說。

「哦，推銷保險的。」客戶應道。

「您誤會了，我的任務是宣傳保險。如果您有興趣的話，我可以義務為您介紹一些保險知識。」布拉德利說。

「是這樣啊，那請進。」客戶說。

布拉德利初戰告捷。在接下來的談話中，他像敘說家常一

> 贏單的關鍵是讓客戶自己說「是」

樣，向客戶詳細介紹了關於保險的知識，並將參加保險的益處及買保險的步驟巧妙地穿插在了談話中。

最後，布拉德利說：「希望透過我的介紹讓您對保險有所了解。如果您還有什麼不明白的地方，請隨時與我聯絡。」說完布拉德利就遞上了自己的名片。直到告辭他隻字未提讓客戶向他買保險的事情。但是到了第二天，不少客戶都主動打電話給布拉德利，請他幫忙買一份保險。

布拉德利成功了。他一個月賣出的保險單最多時達到了150份。

正所謂「哪裡有壓迫，哪裡就有反抗」。無論是誰都喜歡根據自己的意願行事。所以，當誘導別人做某種結論時，聰明的人從不從正面著手，而是假裝尊重他人的意見，讓其產生錯覺以為是自己主動做的決斷。

在這裡，需要提醒的一點是，在銷售中雖然要引導客戶進行自我選擇，但是給客戶太大的選擇餘地，有時並不是最佳的做法，因為過多的選擇會使客戶無法聚焦到最後的購買決定上。這個道理有點像小孩子挑選玩具，小孩子很容易在少數玩具中選出最喜歡的一個，但是卻很難在一堆玩具中一下子找出最喜歡的一個。

019

第一章　銷售是一門講究的技術

坦白小缺點，贏得大訂單

美國的宏盟廣告公司曾經接過一個很棘手的企劃案：為德國產的小型汽車——金龜車打入美國市場制定宣傳方案。要知道，在這之前美國人偏愛的都是大型的本國產的汽車。不過，宏盟廣告公司出色地完成了這個企劃。在廣告播出後的短時間內，德國產小汽車——大眾旗下的金龜車就擺脫了原來滑稽可笑的形象，一舉成為了暢銷車型。

金龜車的成功大部分是依靠宏盟廣告公司優秀的廣告策劃。令人驚奇的是該廣告策劃的著手點：他們沒有強調汽車的優點，如經濟實惠或油耗小；相反，他們把汽車的缺點講給消費者知道。廣告語是這樣的：「醜只是表面的，它能醜得更久。」

宏盟廣告公司策劃的這個廣告打破了當時業內的常規做法。它直接告訴消費者，金龜車汽車並不符合當時美國人對汽車的審美觀。那為什麼金龜車受到大家歡迎呢？這是因為提及商品一個小小的缺點能夠增加廣告的可信度。接下來再說到商品的優點時，比如金龜車的經濟實惠與省油，人們就更會相信所言屬實了。

正如法國作家拉羅什福柯所說：「主動承認自己的小缺點，是為了讓他人相信我們沒有大缺點。」世界知名汽車租賃公司——安維斯公司的座右銘運用的也是這種策略：「安維斯，我們現在

排第二，但我們在努力。」還有很多的例子，如李施德霖漱口水的廣告：「這種味道讓你一天恨三次。」巴黎萊雅的廣告語：「我們不便宜，但你值得擁有。」

除了廣告企劃以外，還有很多成功運用該策略的案例。

有學者經研究發現，如果某方的律師向陪審團自曝案件不利點，而不是由對方律師揭露，那麼陪審團就會認為該律師的可信度高，在最後做出判決時也會更傾向於對他有利。此外，想找工作的人也應注意，如果你的履歷裡全是優點，那你得到面試的機率就會變小；相反，那些勇於揭短的履歷主人，獲得面試的機會會更多。還有其他許許多多的地方都能用到自曝缺點的策略。

當你的客戶想試駕汽車時，你可以先告訴他這輛車的缺點，特別是客戶不容易發現的那些缺點，如後車廂的燈會閃，汽車不是很省油等。這會增加顧客對你和你所銷售汽車的信任。

如果你向某公司推銷彩色影印機，但你的影印機在進紙張數上不如對手的產品，為了取得客戶的信任，最好是由你自己說出這個缺點。因為這樣客戶才更相信你稍後談到的機器的優點。

既然自曝缺點能贏得別人的信任，那是不是只要是缺點都可以展露呢？當然不是。該策略的運用是有前提的，那就是產品的缺點要瑕不掩瑜。這是很重要的一點。

為了使這種策略更有效，還有一個需要注意的地方，那就

第一章　銷售是一門講究的技術

是「在坦白缺點的同時,應該用有中和作用的優點來補充,這才是讓別人信任你的最好、最有效的策略」。

一家餐廳設計了三種廣告:第一種只宣傳優點,如餐廳舒適的用餐環境;第二種在宣傳優點的同時,加上毫不相關的缺點,如除了表示用餐環境舒適外,還指出該餐廳沒有專用的停車場;第三種則在描述缺點後,再找出與缺點有連繫的優勢,如雖然餐廳很小,但卻很舒適。

結果,看了第三種廣告的人自然而然地把劣勢和優勢聯想在一起,地方雖然小,但是也正因為小才會舒適。雖然後兩種廣告都講述了餐廳的優缺點,也都增加了顧客對餐廳的信任度,但是最後一種廣告讓顧客對餐廳的好評度最高。

所以說,如果你只是想提高他人對你的信任度,那揭什麼樣的短都沒錯。但如果你還想提高他人對你所談之物的評價,那就要確保你講出的每朵烏雲旁,都有一縷陽光與之相伴。

客戶買東西,也許只因為你懂他

在人與人的交往過程中,人們總是對和自己持相似觀點或者擁有同樣感受的人表現出更大的興趣,甚至會出現「惺惺相惜」的情況。人和人之間的行為模式越相似,越容易拉近彼此之間的距離。心理學研究發現,對生活所持的態度、信念和價值觀

相似的人容易彼此認可。即便原來並不熟悉，擁有相似經歷與看法的人們也很容易消除陌生感，從而達成某種程度的默契。

美國著名心理學家、哲學家威廉・詹姆斯曾經說過：「人類本質中最殷切的需求，是渴望得到他人的尊重與肯定。」顯然，如果在業務工作中，業務人員能夠洞察到客戶的心態與情緒，進而與客戶達成某個方面的「心理共鳴」，那麼銷售成功的機率將大為提高。

所謂共鳴，原本指的是發聲裝置的頻率如果與外來聲音的頻率相同時，則它將因共振的作用而發聲，這種聲學中的共振現象叫做「共鳴」。不僅在物理學中是如此，在人與人交往的過程中，人們的心理層面也有類似的現象。當人們在思想情感、審美趣味等方面有相同的感受時，就會引發共鳴。

美國著名的人際關係學大師戴爾・卡內基曾經在其書中提到過這樣一則銷售故事：

費拉德爾菲亞電器公司的約瑟夫・韋伯，有一次去考察賓夕法尼亞州一個富有的農業地區。他經過一家管理良好的富裕農家時，問那裡的業務代表為什麼他們不使用電器。

「他們太小氣了，不但做不成生意，」公司的業務代表厭惡地說，「他們還對電器公司抱有很大的成見。我看是沒救了。」

但韋伯決定親自試一下，他敲了敲那家農戶的門，門開了，一位老婦人出來了。她一看到同行的電器公司的業務代表，馬

第一章　銷售是一門講究的技術

上就把門又關上了。韋伯再次敲門，老婦人這次把門開了一道縫，然後就開始滔滔不絕地講述對電器公司的意見。

「不好意思，我想您誤會了。我們不是來這裡賣電器的，我是來買雞蛋的。」

老婦人不相信地望著韋伯他們。

「瞧您那些多米尼克雞，看起來多棒呀，我們想買些新鮮的雞蛋。」門開大了一些，「你怎麼知道我的雞是多米尼克雞？」她驚奇地問。

「我家裡也養雞，我還沒見過這麼漂亮的多米尼克雞呢！」

「你自己家裡不是也有雞蛋嗎？」她仍然有些不相信。

「我家的雞下的蛋是白皮的。做蛋糕的時候，最好是用紅皮的蛋，而我太太很喜歡做蛋糕。」老婦人這才放心地走了出來，態度也好了起來。這時韋伯向四周看了看，看到有一個牛棚非常漂亮。於是韋伯說：「我猜，您養雞所賺的錢一定比您先生養牛賺的錢多。」老婦人突然露齒笑了！看來韋伯說到了她的心裡，雖然她那位固執的丈夫對此並不認同。

隨後，老婦人還領著韋伯看了她的雞棚，韋伯發現她裝了各種小機械裝置，他對此大為稱讚，還和她聊起飼料和溫度的話題，並請教了幾個飼養方面的問題。很快，他們就在這種交流中都變得很愉快。

過了一會兒，她告訴韋伯，她有些鄰居在雞棚安裝了電器，聽說效果不錯。她希望得到一些建議，是否有必要裝電器。

事情發展得很順利,大約兩週之後,這位老婦人在雞棚安裝了專門的燈光及電器裝置。韋伯賣掉了電器,老婦人的雞也更能下蛋了。你能說韋伯不是創造雙贏的「藝術家」嗎?

在這個故事中,韋伯能夠取得銷售的成功,其原因可以完全歸功於他在觀察之後所營造出的「心理共鳴」。如果韋伯沒有從心理共鳴的方面入手,而是按照傳統的方式去推銷電器的話,其結果可想而知。

興趣、愛好、經歷、情緒、價值觀等多方面因素都能引發人與人之間的心理共鳴。所以在銷售過程中不要急於兜售商品,而且銷售向前推進的線索最好不要建立在商品之上,因為這樣的銷售方式容易讓客戶產生一種毫無溫情的感覺。聰明的業務人員一般會先從細節觀察及溝通交流中了解客戶的心理狀況及興趣所在,然後找出能夠引起心理共鳴的方面來作為銷售的切入點。

銷售不單是你買我賣的過程,同時也是一個人與人的溝通過程。在銷售過程中,如果能找到與客戶交流的心理線索,並且按照其情緒傾向,以彼此共同的體會或興趣點作為開端,將會收到非常好的效果。

第一章　銷售是一門講究的技術

砸玻璃的學問

銷售是一個由業務員和購買者共同完成的過程。在這一過程中，適時引導和調動購買者參與銷售過程對於銷售的結果來說非常重要。這不僅僅會使購買的人體驗到互動的樂趣，更重要的是能調動起人們的自我意識與自我決策。

在產品銷售過程中，採用「老王賣瓜，自賣自誇」的方式一味單方面推銷自家的產品，指望客戶有足夠的耐心和信任去扮演忠實的聽眾，這顯然不切實際。因此，互動的銷售方式現在已經被越來越多的公司所採納，並且在現實中收到了良好的成效。

美國有一個叫斯坦巴克的猶太人，在做推銷安全玻璃的業務員時，業績一直都保持在整個北美地區的第一名。在一次金牌業務員的頒獎大會上，主持人問道：「斯坦巴克先生，你是用什麼方法讓自己的業績維持頂尖的呢？」

斯坦巴克說：「我每次去見客戶的時候，我的皮箱裡面總是會放許多被截成15公分見方的安全玻璃，我隨身也帶著一把鐵錘子。當我見到客戶時，我會問他們：『你相不相信安全玻璃？』當客戶說不相信的時候，我就把玻璃放在他們面前，拿錘子往桌子上一敲。每當這時候，很多客戶都會為我的舉動而吃驚，同時他們也會發現玻璃真的沒有碎裂開來。然後客戶就會說：『啊，真是太神奇了。』這時候我問他們：『你想買多少？』直接進行締造成交的步驟，整個過程花費的時間還不到一分鐘。」

砸玻璃的學問

當斯坦巴克講完這個故事不久，幾乎所有銷售安全玻璃的業務員出去拜訪客戶的時候，都會隨身攜帶安全玻璃樣品及一把小錘子。

但經過一段時間，他們發現斯坦巴克的業績仍然維持第一名，對此感到費解。在另一個頒獎大會上，主持人問：「我們現在都在效仿你做同一件事，為什麼你的業績仍然維持第一呢？」

斯坦巴克笑了笑，說道：「原因很簡單。我早就知道你們會效仿我的做法，所以自那以後我到客戶那裡，當他們說不相信的時候，我便把玻璃放到他們的面前，把錘子遞過去，讓他們自己來砸。」

砸玻璃好，讓客戶自己砸玻璃更好！斯坦巴克成功了，似乎成功來得很簡單，只是運用了一個小小的銷售技巧──讓顧客參與到銷售中來。但就是這樣一個簡單的銷售技巧，卻在銷售中屢屢奏效。

也許砸玻璃的故事離我們的現實工作多少有些遙遠，但是只要留心觀察，你就會發現在我們的日常生活中，讓顧客參與的銷售技巧應用非常廣泛。在一件商品到達顧客手中之前，有很多環節可以為顧客提供互動和參與的機會。

例如在驗證產品品質的環節中，汽車經銷商大多會為潛在的消費者提供試乘試駕活動，這就是一種典型的顧客參與驗證。當顧客真正坐在車子上，他所獲得的親身駕乘感受將遠勝

第一章　銷售是一門講究的技術

於廣告手冊上冷冰冰的引數對比。透過這樣的銷售過程，顧客能非常直觀地得到關於車子品質的第一手資訊。

有些商家則在生產環節就開始讓客戶參與其中。比如戴爾電腦，他們採用個性化訂單生產的方式來銷售個人電腦，消費者可以根據自己的實際使用需求購買電腦：喜歡在電腦上看影片的使用者可以讓廠商配上大尺寸的液晶螢幕；喜歡打遊戲的使用者，則可以為電腦選擇一顆強勁的「芯」……這一銷售模式所建立起來的心理影響是，讓顧客覺得自己購買的產品是完全按照自己的意願而裝配的。戴爾公司躋身於世界級電腦廠商的行列在相當程度上是藉助了這種獨特的銷售方式。

在商品的管道流通領域，也有著同樣的應用。在過去的很多年裡，商場會在貨品與顧客之間用櫃檯築起一道「長城」，顧客首先需要隔岸觀花般遠望貨架上的商品，然後告訴售貨員自己需要仔細看看哪一件商品，這時售貨員再把相應的商品拿到櫃檯上供顧客觀看。

而現在，很多商場將陳列方式改成了開放式的，顧客不僅可以直接看到、觸碰到商品，而且很多的商家提供試穿、試用，在銷售過程中讓顧客以自己的親身體驗來做出購買決定。

業務員在實踐中也越來越清晰地發現，顧客在這種互動體驗的環境中，更容易達成購買意願，而意願一旦形成，也更加堅定。

你重視我，我就喜歡你

「世上沒有無緣無故的愛，更沒有無緣無故的恨。」在銷售活動中，與客戶打交道的時候，業務人員需要很清楚地明白一個道理：想要你的客戶喜歡上你，進而喜歡上你推薦的專案或者商品，你需要做的準備工作之一就是先問自己一個問題——「我能為客戶做些什麼？」被別人接納的一個有效的技巧就是，使別人接受你的幫助，進而產生要回報你的責任感。

戴爾·卡內基在他的著作中敘述了這樣一個真實的故事：

一個油漆業務員為了擴大自己企業產品的銷路，抱著發展新使用者的目的，找到一個用漆大戶，想與採購部經理談談，趁機宣傳一下產品，勸說他購買。

業務員抱著很大的希望登門求見，可是一連幾天都被祕書擋在大門外，推託經理沒空。業務員實在耐不住了，就問是什麼原因。祕書告訴他，這個星期六是經理兒子的生日，這兩天經理正忙著為兒子收集他喜歡的郵票，所以不見客人。聽完祕書的話，業務員轉身就走了。

第二天，他又匆匆趕來求見經理，祕書照樣不讓他進。業務員解釋說：「我這次不是來推銷油漆的，而是來送郵票的。」祕書放行了。

業務員走進辦公室，把自己收集到的許多珍貴的郵票放在採購部經理面前。經理欣喜不已，急忙同業務員大談起郵票

第一章　銷售是一門講究的技術

來。兩個小時很快過去了,直到業務員起身告辭,經理才如夢初醒,忙問:「對不起,你貴姓?為何事而來?」等他聽完業務員簡短的介紹後,說:「好!謝謝你的來訪,明天帶上你的合約來見我。」

本來機會非常渺茫的一單生意,就這樣談成了。兩小時的談話全花在了生意之外的事情上,但是推銷產品卻沒有費口舌就拍板定音了。

故事中的這位推銷人員很好地回答了「我能為客戶做什麼」這個問題,抓住對方的興趣點所在,同時在客戶的興趣點上給予幫助。客戶也從業務員的實際行動中獲得了存在感——他很受對方重視,順利簽了購買合約。正應了網路上流行的一句話:「做人其實很簡單,只要你把我當回事,你的事就是我的事。」

從心理學的角度來說,人人都渴望被重視,這是一種很普遍的心理需求,客戶也不例外。而這種心理需求剛好可以成為業務人員向客戶推銷自己商品的突破口,以此來攻破客戶的心理,促進交易的達成。

客戶渴望被重視的心理除了展現在業務人員把他們的事當成自己的事去做,刷他們的存在感之外,還展現在希望得到業務人員的尊重和讚美,以彰顯自身的優越感和自豪感。

美國知名勵志演說家博恩·崔西也是一位圖書推銷高手,他曾經說:「我能讓任何人買我的圖書。」他推銷圖書的祕訣就

是讚美顧客。

一天,崔西到某家公司推銷圖書,辦公室裡的員工選了很多書,正準備付錢,忽然進來一個人,大聲道:「這些跟垃圾似的書到處都有,要它們幹什麼?」

崔西正準備向他露出一個笑臉,他接著一句話脫口而出:「你別跟我推銷,我肯定不會要,我保證不會要。」

「您說得很對,您怎麼會要這些書呢?明眼人一下子都能看得出來,您是讀了很多書的,很有文化素養,很有氣質,要是您有弟弟或者妹妹,他們一定會以您為榮為傲,一定會很尊重您的。」崔西微笑著,不疾不徐地說。

「你怎麼知道我有弟弟妹妹的?」那位先生有點興趣了。

崔西回答:「當我看到您,您給我的感覺就有一種大哥的風範。我想,誰要是有您這樣的哥哥,誰就是上帝最眷顧的人!」

接下來,那人一直以大哥教導小弟的語氣說話,崔西像對大哥那樣尊敬地讚美著,兩人聊了十多分鐘。最後,那位先生以支持崔西這位兄弟的工作為由,為他自己的親弟弟選購了五套書。

崔西在當天的日記中寫道:「其實,我心裡很明白,只要能夠跟我的顧客聊上三分鐘,他不買我的圖書,那是不可能的。因為,無論做人還是做事,要改變一個人,最有效的方式是,傳遞信心,轉移情緒。」

同時,他也寫下了一條人性定律:「人是感性左右理性的動物。若一個人的感性被真正調動了,讓他拒絕你比接受你還要

第一章　銷售是一門講究的技術

難。而要想迅速控制一個人的感性，最有效和快捷的方法就是恰如其分地讚美。」

所以，要想順利說服對方，保證生意的通暢，應該學會從稱讚和讓對方感到滿足著手。用巧妙的讚美來滿足對方的自豪感，讓別人真誠地坐下來與你交談，你的目的便達到了一半，成功就唾手可得了。

那麼，要做到從容自如、得心應手地讚美別人，要依靠哪些相關技巧呢？

●贊美，要善於找到對方的亮點

當我們到朋友家裡做客時，看到客廳牆上有一幅山水畫，我們往往會情不自禁地讚許道：「這幅畫真不錯，為這客廳平添了幾分神韻，顯出了幾分雅緻，誰買的？眼光真好！」

也許，這句話只是我們不經意間隨便說出來的，但我們的朋友會感到很欣慰。

對於業務員，和顧客初次接觸也可以這樣。一番寒暄過後，身旁的一切都可以成為恭維的話題。可以對接待室的裝潢設計讚嘆一番，還可以具體地談一下桌上、地上或窗臺上的花卉或盆景等，這些花卉和盆景造型如何新穎獨特，顏色亮度等又是如何搭配得當，甚至還可以對它們的擺放位置用「恰到好處」「錯落有致」一類的詞語來形容一番。

然而，想像力豐富和具有創造精神的業務員經常能找出對

方的亮點,並加以巧妙讚美。因為讚美是說給人聽的,讚美某物時,必須與人連結,我們只是稱讚東西有什麼特色,是無法突出對人的讚賞的。要緊緊盯住對方的知識、能力和品味進行稱讚。

如果我們喜歡我們的顧客,我們就不難發現他們值得讚美的地方。

讚美,要搔到對方的「癢處」

當我們的讚美正合對方心意時,會加倍成就他們自信的感覺。這的確是感化人的有效方法。換句話說,能撓到對方的癢處的讚美,作用最大。

怎麼發現別人的癢處呢?

日本頂尖業務員齊藤竹之助曾說過:「想輕易地發現每個人身上最普遍的弱點,是很簡單的事情,因為只要你觀察他們最愛談的話題便可以知道。因為言為心聲,他們心中最希望的就是他們嘴裡談得最多的。你就在這些地方去搔他,一定能搔到他的癢處。」

例如:對於一位非常漂亮的女士,我們要避免對她容貌的絕色進行讚美,因為她對這一點已經有絕對的自信。但是,當我們轉而去稱讚她的智慧、仁慈時,而她的智力恰巧不如其他人時,那麼我們的稱讚一定會令她芳心大悅。

每個人都愛聽奉承話,都渴望得到別人的認可和讚美。在讚

第一章　銷售是一門講究的技術

美的作用下,牴觸情緒明顯的客戶也會慢慢變得友好。因此,我們說打開對方心門的最省錢、最有效的方法,就是讚美你的客戶。

對於業務員來說,顧客就是上帝,而客戶也樂於成為「上帝」。巧妙地利用客戶的這一心理,業務員就可以有效地促使他們購買你的產品。

「包袱」要一點點地抖

在銷售過程中,引導消費者完成對商品的認知與實現最終的銷售之間還有一段距離,要完成這兩者之間的銜接,所依靠的將不再是商家營造出的新奇感,更多的時候需要依靠產品本身的使用價值來達成。有些商品,如果本身就無法與消費者的真實需求連繫在一起,那麼即便依託人們的好奇心,短期內透過促銷手段引起了人們的興趣,也很難持久地銷售下去。

這種案例有很多。比如在通訊儲值行業和網際網路行業,很多公司就在這方面犯下了嚴重的錯誤。無論是基於手機的通訊儲值服務,還是基於個人電腦的網際網路應用,都被統歸入新媒體領域。很多人甚至很多公司認為,新媒體領域僅僅是一個吸引眼球的行業,只要推出的商品和服務能夠引起人們的關注就萬事大吉。

於是,在這個領域內,很多商家進行了一些駭人聽聞,或

「包袱」要一點點地抖

者吊足人們胃口的行銷推廣，在推廣和銷售中設定懸念，吸引人們的目光。可是，當消費者滿懷期望地點選進入了真實的服務之後，卻發現所推出的服務本身平淡無奇，完全屬於「釣魚式標題」一類的伎倆。

高期望值與低滿足度之間的巨大落差會使得促銷不但不能促進銷售，還會讓消費族群由於失望而對某公司或者某項服務徹底喪失興趣，甚至以後都會對該公司的業務嗤之以鼻。這是對好奇心理的偏執應用所帶來的主要後遺症之一。不但不能使眼下的銷售成功，還會為未來的業務拓展埋下隱患。

這就好像在一張白紙上用黑色的筆去繪畫，但是很不幸，你並沒有畫出預想的圖案，如果你想要繼續在這張紙上作畫，那麼比一開始的難度要高得多。要麼你能以巧妙的構思，拿其他線條去修補，從而變成其他圖案，不然你就只能換張紙重新來畫了。

如果要在市場活動中使好奇心理淋漓盡致地發揮作用，那麼比較好的策劃需要展現出來的不僅僅是能夠激起人們興趣的觸發點，同時還要讓後續的銷售跟進過程與起先的情緒觸發點之間是一種遞進的關係。

1931年，著名京劇演員梅蘭芳，受上海丹桂戲院老闆之聘，到上海演出。雖然梅蘭芳當時在平津一帶早已家喻戶曉，名聞遐邇，但對聽慣滬劇和紹興戲的上海人來說，對梅蘭芳還

035

第一章　銷售是一門講究的技術

有些陌生。

梅蘭芳初次來上海演出,怎樣才能更有效地提高他在上海人心目中的聲望和地位,使演出獲得圓滿成功,從而提高售票率,謀取更好的票房價值呢?丹桂戲院的老闆十分聰明。他利用人們的好奇心理,採用「製造懸念」的手段,不惜重金,將當時上海一家有影響的報紙的頭版版面買下,用整個版面,一連三天,刊登了「梅蘭芳」三個大字。

上海市民看到了報紙,十分驚奇,疑團滿腹:「梅蘭芳,莫不是舉行花卉展覽?」「莫非要出特大新聞?」一時間,「梅蘭芳」成了上海人街談巷議的主要話題。人們紛紛打電話去報社詢問,得到的答覆是「無可奉告」,這就越發激起了人們的好奇心。

到了第四天,報紙頭版上依然登著「梅蘭芳」三個大字,但在下面加了一行小字:「京劇名旦,在丹桂大戲院演出京劇《綵樓配》、《玉堂春》、《武家坡》。xx 日在 xx 處售票,歡迎光臨。」

人們的第一層懸念解除了,但第二層懸念馬上又開始奏效了,人們轉而有了一種先睹為快的迫切心理。第一天的戲票被搶購一空。梅蘭芳卓越的藝術表演令觀眾為之傾倒,因此,梅蘭芳在上海的第一次演出大獲成功,每天的演出場場爆滿,丹桂戲院也收到了很好的經濟效益。

梅蘭芳先生的戲唱得好,同時我們也不得不佩服戲院老闆策劃的這幕行銷好戲,不僅設定的懸念新奇、強烈,而且層層遞進,真正是吊足了人們的胃口。在文藝作品中,有個名詞叫

「埋伏筆」，指的就是在作品創作中設定懸念，從而激發起受眾的好奇心理。

同理，在銷售過程中不僅要製造出與顧客密切相關的強烈懸念，引起顧客的充分重視，還要保證提供的商品或者服務讓顧客的好奇不落空。我們前面所述的成功案例，不僅是促銷手段新奇，而且全部都具備了堅實的品質基礎，只有將這樣的產品和服務推向市場才能收到最好的說服效果。

業務員，如何讓顧客倒追你？

一家雜貨舖的老闆最近正在煩惱一件事情：眼看著夏天就要到了，可是店裡的白糖卻積壓了很多，如果不能盡快處理掉這些庫存，那麼隨著高溫和潮溼天氣的到來，白糖可能就會融化結塊了。

一方面時間很緊張，一方面白糖又是那種銷量很難一下子提升的商品。誰會一下子買大量白糖用於存放呢？想來想去，也沒有想到一個好的辦法。這時候，一個夥計似乎看出了老闆在煩惱，於是他問老闆是否遇到了什麼困擾。

老闆無奈地指了指堆積的白糖說：「如果在夏天之前不能把這些賣掉的話，恐怕會結塊了。」夥計聽完之後，略微思忖一下，便胸有成竹地對老闆說，他有辦法解決這些庫存。老闆喜

第一章　銷售是一門講究的技術

出望外，忙問他有什麼好辦法，夥計說，寫張廣告貼到大門外就行了。

老闆的喜悅隨著夥計的回答立刻消失了：如果只是寫張促銷廣告就能頂用，那還需要這麼擔心嗎？夥計很快寫好了一張廣告，對著寫好的廣告，雜貨鋪老闆此時也沒有心思看了，揮揮手說，拿去貼吧。

讓他吃驚的是，沒過多久，真的開始有顧客進店來買白糖了，而且陸陸續續、絡繹不絕。這讓老闆大為納悶，搞不清楚到底發生了什麼狀況。他來到自家店鋪門前仔細看了看夥計貼出的那張廣告，這才恍然大悟。

原來廣告上面寫著：「本店白糖即日起每人限購2斤。」

上面這個故事，道出了在銷售中限量供應的巨大威力。

人們在看到這樣一個廣告之後，大部分人會首先去推測限量的理由，是不是這種東西要漲價了呢？是不是商品生產出了什麼問題呢？然後無論是哪種猜測，很多人都會覺得既然是限量供應的東西，那麼就有得不到的可能。如果真到需要的時候而又買不到，那麼豈不是一種損失和麻煩？

在這種心理因素的驅使下，人們對於限量供應的東西總是會給予特別的關注，同時也願意支付更高的代價。而某種商品一旦限量供應，那麼其本身也就具備了稀缺的屬性。

在Ａ市有一家經營了很長時間的老字號熟食店，其維持聲

譽和銷售的祕訣就在於限量供應。這家店每天只製造有限的產品，如果有顧客上門來，買不到東西時，店老闆就會告訴他，請明天及早光臨。也許有人會問，為什麼不多製造點貨品以滿足顧客的需求呢？事實上，店家的奧妙正在於此。

雖然這不是一間門面堂皇的店鋪，但是為了維護它的聲譽，店老闆和店員花費了相當多的心血。小自選購採買，大至接待顧客，在老闆、師傅與售貨員的通力合作下，客人們才得以放心地進出這家熟食店，而沒有受騙的顧慮。

每天清晨，為採買加工所需要的肉類，該熟食店的師傅們都親自到臨近的市場去選購上好的豬肉。這樣一來，在原料的取材上就占了先。該熟食店真正的招牌食品是煙燻火腿。燻烤醃製品是一門藝術。佐料、滷汁、火候都很講究，極品的煙燻火腿是只問質精，不求量多。為不使顧客對該店的食品失去信心，寧可請他明日及早光臨，絕不出售火候不夠的產品。

這就是該熟食店不願拓展外銷市場的原因，以免在接受大批訂貨時，趕製不及或濫竽充數，而影響了多年來辛苦建立起來的信譽。由於選用上乘原料，而且每天只生產有限的數量，該熟食店售出的煙燻火腿價格比較貴。雖然售價比較高，但是每天上門求購的顧客還是絡繹不絕。

「敬請明日光臨」這一招十分奏效，一方面店家寧缺毋濫的態度保證了精良的品質，而得到高品質的商品正是顧客所期盼的，因此顧客對店家的限量供應普遍表示理解，並且伴隨著多

第一章　銷售是一門講究的技術

年的經營,累積下的老主顧也特別多。另一方面限量供應的銷售原則,也吊足了顧客的胃口,即便當天買不到,第二天也必定會早早前來購買。

與限量供應類似的銷售手段還有限時供應,這一種銷售技巧在許多超市賣場中被廣泛使用。超市發放的特惠商品目錄上經常會寫上「本週每天上午 11：00 以前供應每斤 ×× 元的特價雞蛋,每人限購 × 斤」之類的廣告宣傳。

然後,每天會有一大批想要享受限量優惠的消費者在指定的時間內擁入到超市,人們在購買限量商品的同時,面對琳瑯滿目的其他商品往往也難以抵擋誘惑,順手就會買些其他商品,這樣的銷售策略往往可以帶動超市的整體銷售額,而且限時的好處還在於能夠使店家生意最冷清的時間段也變得繁忙起來。

在銷售中,很多商家對於限量購買的技巧已經駕輕就熟了,甚至有些商家還會只在原來某種已經量產的產品基礎上附加上一些其他特徵,進而衍生出一批限量版產品來。

從動輒以千萬計的限量版汽車到價格數十萬元的限量版收藏品,從售價上萬的限量版運動鞋到價格幾百元的限量版 CD,這些工業化量產的限量產品既獲得了消費者的青睞,同時也為商家賺取到了更多的利潤。

一般說來,人們對於越是得不到的東西,越是想得到;越不讓接觸的東西,越想接觸;越不讓知道的事情,越想知道。

這種反抗心理在消費上主要表現為越是不好買的商品,越能激起人們的好奇心和爭購欲望。

嫌貨才是買貨人

當業務員聆聽完顧客的購買異議後,可以用「是的,但是⋯⋯」或「是的,不過⋯⋯」來作答。這種方法又叫迂迴否定法,它是先肯定對方的異議,然後再訴說自己的觀點,毫無疑問它是使用最為廣泛的方法,因為它比其他方法都更適合於各種不同的情況和各種不同的可能買主。

這種方法的理論依據是,幾乎所有人都討厭聽到「不對,我根本看不出你的話有什麼道理」,或「這你可就說錯了」,或「在你看來可能是那樣,但事實畢竟是事實」,或「根本不是像你講的那樣」這一類的話。幾乎所有人都討厭他人反駁自己的觀點。

經驗表明,大多數顧客在提出反對意見時,都多少帶有偏見,其看法有一定的片面性,或者乾脆就是為了表現自己,以證明自己有許多觀點和看法。但是,無論如何,業務員對顧客的這種看似無理的異議也不能迎面進行攻擊,而應先肯定對方的看法,使顧客的相關需求得到滿足。

你可以說:「您講得相當正確,經常都是這樣,但是,這種情況有點特殊⋯⋯」;你也可以說:「您講的話一點都沒錯,但

第一章　銷售是一門講究的技術

您是否想到了另一層……」或「我毫不奇怪您最初會產生這種感覺，我當初也是這麼想的，但後來我又仔細地研究了一段時間，這才發現……」只有這樣，你們的交談才能愉快地進行下去，你才可以把你的產品推銷出去。

當然，十全十美的東西是不存在的，所有商品都有局限性和缺點。面對顧客提出的合理異議，若業務員還是一味設法否定和迴避，效果也不一定好，此時最明智的辦法就是拿出可能補償的優點去壓倒他列舉的缺陷。

有個很善於做皮鞋生意的人，別人賣一雙，他往往能賣幾雙。當別人向他請教生意訣竅時，他笑了笑說：「要善於拿出可能補償的優點去壓倒顧客列舉的缺陷。」

然後他舉例說：「有些顧客到你這裡來買鞋子，總是東挑西揀到處找缺點，把你的皮鞋說得一無是處。顧客總是頭頭是道地告訴你哪種皮鞋最好，價格又適中，式樣與做工又如何精緻，好像他們是這方面的專家。這時，你若與之爭論毫無用處，他們這樣評論只不過是想以較低的價格把皮鞋買到手。

「這時，你要告訴他鞋子除了這些缺點外，還有很多可以補償這些缺點的優點。比如：你可以恭維對方確實眼光獨特，很會選鞋挑鞋，自己的皮鞋確實有不足之處，如款式並不新潮，不過較穩固罷了，鞋底不是牛筋底，不能踩出篤篤的**響聲**，不過，柔軟一些也有柔軟的好處……你在表示不足的同時，也側

面讚揚一番這鞋子的優點,也許這正是他們瞧中的地方,可使他們動心。顧客花這麼大心思不正是表明了他們其實是很喜歡這種鞋子嗎?」

正如臺灣一句俚語所說:「嫌貨才是買貨人。」顧客之所以「嫌棄」你的產品,不正是說明他對你的產品產生了興趣嗎?顧客有了興趣,才會認真地加以思考,思考必然會提出更多的意見。

所以,作為業務人員,遇到挑三揀四的顧客時,你千萬不要輕易地否定顧客的購買欲望。恰恰相反,你要對自己的產品有信心,跟顧客誠懇地講解產品的優勢,不怕人嫌,不怕比較!尤其要記住,不管顧客說得正確與否,都不要和顧客發生爭吵。讓顧客保持愉悅的心情,有助於你推銷自己的商品。

先填飽對方的肚子,再鬆動他的嘴巴

「飯桌文化」不僅豐富了人們的日常飲食,而且也關係著人們的生計安危。放眼望去,許多沒有達成的協定都是在飯桌上達成的;許多合約細節上的爭議都是透過吃飯解決的;許多沒有搞定的生意都是透過一頓飯來搞定的;很多推心置腹的話也都是在飯桌上說出的。由此可見,飯桌確實是業務員搞定訂單所不能忽視的一個重要陣地。

第一章　銷售是一門講究的技術

美國紐約某大學的伯特博士，曾做過這樣一個實驗：派部分商學院的學生到大街上尋找兩個實驗參與人，然後分別將其約到事先指定的房間內，第一個人被安排在一間擺滿豐盛食物的房間中，邊談邊吃；第二個人則被約到一間空曠的房間中，單純談話。而最終的談話結果讓所有人大吃一驚：在擺滿食物的房間中，有56％的人都同意幫忙完成實驗；而在空曠的房間中卻只有20％的人同意幫忙。

要知道整個談話過程，學生們請求幫助的理由都是相同的，談話的內容也是相同的，只是不同的交流環境，使得同意與不同意的人數相差了大約兩倍。由此可見，食物的力量不容小覷。

那麼，食物為什麼會對談話效果造成這麼大的影響呢？

首先，人們在酒足飯飽之後，話就會多起來。如果不信，在吃飯時間看看那些萬頭鑽動的大小餐飲店，你就會發現餐桌上的人們已經擺脫了平時的拘謹，不僅歡笑聲此起彼伏，就連牢騷與不滿也比平時多了很多。所以此時如果請求對方幫助，即便不使用任何技巧，也是很容易的事情。

其次，與他人共同用餐能夠很好地展現彼此間的親密程度，有助於促進和加深彼此的友好關係。有一種社交技巧叫做「Luncheon」，即午餐的交流技巧。其本意就是透過和大家一起吃飯來拉近彼此的關係。而在日本這種技巧被更名為「Dinner」，即晚餐。因為日本人通常把招待客人的時間定在晚上。

先填飽對方的肚子，再鬆動他的嘴巴

日語中有個詞譯成中文就是「在同一口鍋裡吃飯的人」，以此來表示生活在一起的朋友，也暗示著心理上的距離十分親近，當然就更容易說出真心話了。

最後一個原因就是，當人們吃完食物後會變得非常寬容。由於肚子已經被填飽，所以很少會對對方產生敵意。如果在這個時間談事情，那麼不管你的要求多麼令對方難以接受，在客觀上也會形成遏制對方提出反對意見的效果。其實，即便對方心中想反對，但嘴裡塞滿了食物，也不好說出反對意見，畢竟邊吃東西邊說話是不禮貌的行為。所以，我們可以盡量選擇在對方剛把食物放入嘴裡的時候說出自己的要求，這絕對是一個防止對方反對的最有效戰術。

有人說「經常見面不如偶爾吃飯，偶爾吃飯不如痛飲一次」，這裡不僅道出了吃飯的重要，還提到了喝酒。如果彼此的關係已經到了能一起喝酒的程度，那麼即便不去拉攏，對方也很可能不會拒絕你的請求。但我們需要注意的是，如果是有目的地與對方喝酒，那麼就千萬不能喝醉，否則會適得其反，花錢吃了飯還把事情辦砸了。

因此，請客戶吃飯在業務員的工作中是非常重要的。

好的業務員在請客戶吃飯之前，首先會有很周密的策劃，給吃飯一個明確的定義和任務：是飯點的工作餐，還是為了達到目的的突破瓶頸餐？是為了聯絡感情的聚會，還是為了慶祝

第一章　銷售是一門講究的技術

合作成功的慶功餐？⋯⋯在吃飯前，自己心裡一定要明確。

其次，業務員要根據吃飯的不同意義而精心選擇不同的作陪人員。因為所選的作陪人員不會說話得罪客戶而搞砸了生意，或者太會說話而讓作陪者與客戶談成了合作，都是得不償失的。

最後，業務員在約客戶吃飯時一定要懂得餐桌禮儀，合理安排好座位的次序。當我們進入餐廳後，正對門口的位置是主位，即今天誰請客誰坐此位。主位的右邊是主賓位，左邊是次賓位。三位主角確定後，其餘人也不是照集體相那般隨便，而是以次賓位為起點，沿順時針方向遞減，直至靠近主賓的那個座位，才叫做「末座」，所謂「敬陪末座」、「忝陪末座」者，指的就是這個座位。這一點很多年輕的業務員都不很在意，在請客戶吃飯時，座位的安排不恰當，無形中得罪了客戶還不知道。

總之，請客戶吃飯是一門學問，是業務工作中必不可少的手段，用好了，無往而不利，用不好會影響銷售業績，得罪客戶。

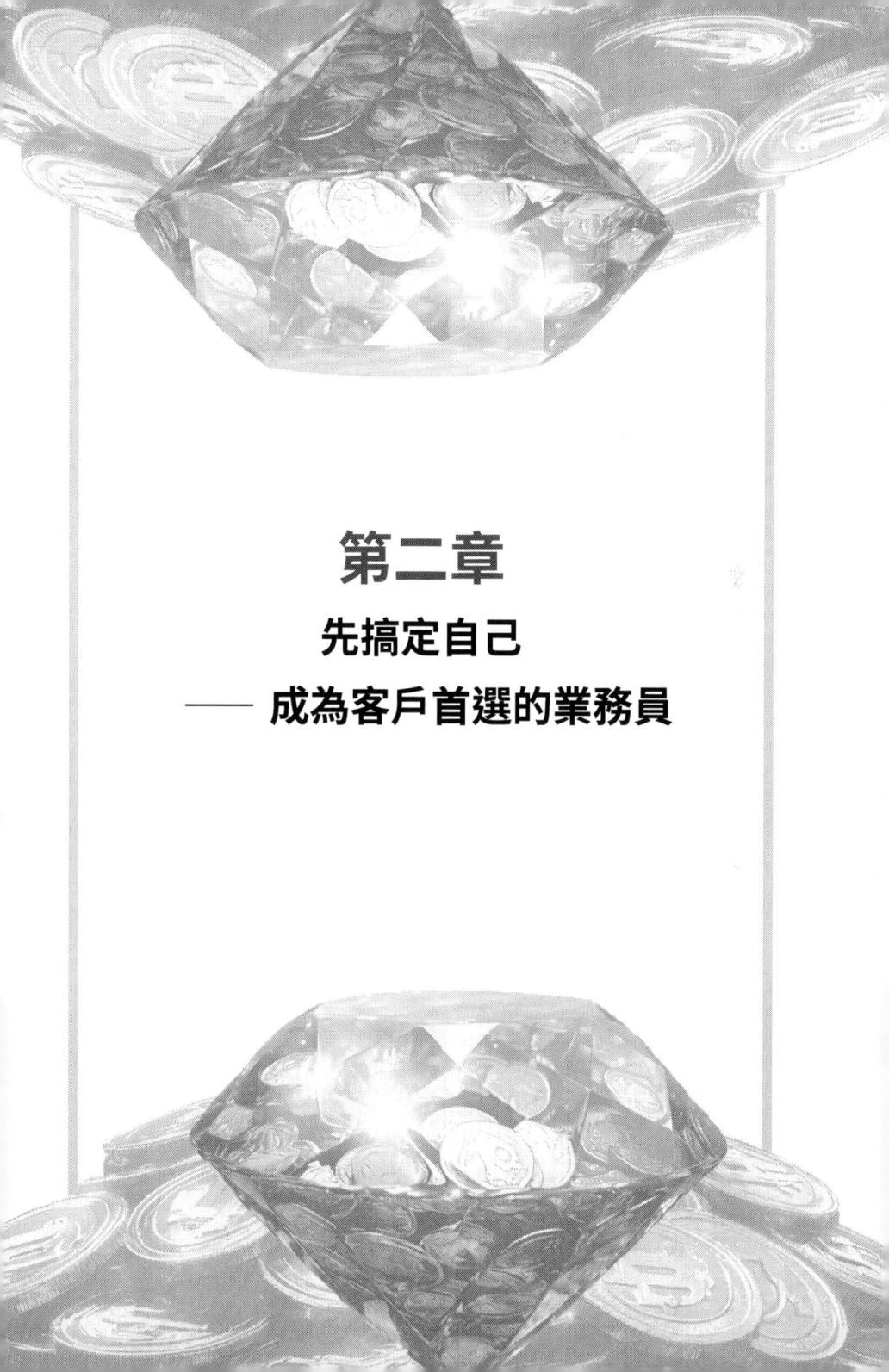

第二章
先搞定自己
──成為客戶首選的業務員

第二章　先搞定自己—成為客戶首選的業務員

我自豪，我是一名業務員！

究竟業務工作是怎樣的一種職業？具備哪些職業特徵？想要在銷售中做到遊刃有餘，一個優秀的業務人員需要具備怎樣的心理素養呢？

銷售是創造、溝通與傳送價值給顧客，以滿足其特定需求，從而獲得一定報酬的過程。從總體角度來說，銷售是建構商品社會的基本活動之一，沒有了銷售活動，財富將無法繼續增值，貨物將無法流通，一切的生產和產品服務都將隨之戛然而止。銷售的繁榮程度，影響著商業社會的發展。從個體的角度來看，任何一個商業機構，任何一個公司企業，想要得以持續運轉，都有賴於業務部門的業績。沒有銷售活動，商業就無法繼續生存下去。

但多年以來，業務經常被人們看作是二流職業，是進入門檻最低的一個行業，不需要「技術含量」，誰都能當業務，誰做業務都一樣，人只有實在沒有出路的時候才去做業務。事實上，這樣的認知和想法是完全錯誤的。其實，越是進入門檻低的行業，就越意味著競爭激烈和殘酷。

業務可以是一項報酬率非常高的艱難工作，也可以是一項報酬率極低的輕鬆工作。它因人而異，不同的業務人員代表著不同的產品價值。這一切完全取決於業務員對業務工作是怎麼

我自豪，我是一名業務員！

看、怎麼想、怎麼做的。

觀察身邊的成功企業，我們能夠發現，一流的公司擁有一流的業務團隊，或者說，一流的業務團隊成就了一流的公司。沒有優秀的業務團隊，再好的技術產品也只能成為自娛自樂的孤芳自賞。無法高效流通，無法實現盈利。可以說，意識不到業務重要性的公司和企業，將不會具備長久的生命力。即使當下依靠一些固定的和非市場化的營運模式能夠獲取一定的效益，也無法保持持久的活力與生機。

從這些意義上來說，從事業務工作是一件值得自豪的事情，因為它無論對於社會，還是對於企業，都是非常重要的環節。而且，與普通人想法相反的是，業務工作並不是一份輕鬆的工作。

從來沒有人能夠在長期的業務工作中得到百分之百的成功率。事實上，在業務工作中，被客戶拒絕的時候要遠遠多於客戶爽快答應的時候。尤其對於還沒有累積到足夠的客戶資源、沒有穩定客戶群的業務新手，面臨的挫折和難度會更大。

作為基層的業務人員，要想實現從普通到優秀，首先要具備「不怕拒絕，積極主動」的心態。優秀的業務人員都具備從容應對拒絕並快速調整情緒的心理素養，他們能夠清楚地了解到，在業務工作中的這種拒絕其實並不是基於對業務人員個人品德的判斷。

優秀的業務員並不會因客戶拒絕而感覺到氣餒或者情感受

第二章　先搞定自己—成為客戶首選的業務員

傷，也不會因為遭受某個客戶的拒絕之後就放棄其他客戶的拜訪工作，更不會由於在上一個客戶那裡遭受了拒絕而將沮喪的情緒帶給下一個客戶。優秀的業務員面對拒絕時會以勇氣和毅力作為回應，這是一項非常重要的心理修練。只有具備了這樣的心理素養，才能不斷地去拜訪更多的客戶，也才能避免過早放棄帶來的丟單。

對於從事業務工作的人來說，在沒有打開局面之前，其處境就像陰暗角落裡的蘑菇，不受重視或屢遭挫折，接受各種無端的批評、指責，得不到必要的指導和提攜，就像蘑菇培育一樣還要被淋上大便，處於自生自滅中。蘑菇生長必須經歷這樣一個過程，人的成長也肯定會經歷這樣一個過程。

對於一個優秀的業務人員來說，這一成長過程是必須經歷的。事物總是一分為二的，關鍵看你如何看待和應對，積極的人能夠從困境中看到希望，而消極的人無論順境逆境，永遠都只會長吁短嘆。

在身處困境之時，每個人都難免會承受巨大的壓力，此時最需要做的就是擺脫負面思考，使自己按照積極的思維方式去看待問題。因為負面的思考，會使人如同負重而行的旅人一般，步履維艱。

一個優秀的業務人員還應該學會釋放緊張與恐懼。這兩種情緒在業務工作中是會經常出現的。而且在談生意的過程中，

業務員一旦表現出了緊張與恐懼，就失去了生意的主動性。在業務工作中，之所以會產生緊張與恐懼的心理，主要有兩方面的原因。

第一種來自不自信與慚愧，由於無法確定自己是否真的能夠勝任業務工作，或者自認為與接觸的客戶相比，自身的各方面累積均處劣勢，從而導致了心理緊張與恐懼。這種類型的緊張恐懼，需要業務員在工作中加強自信心的鍛鍊。

另一個導致出現恐懼的重要原因則是，業務員對結果抱有太多的期待，在心中想了太多生意成交以後的事，從而對眼下的銷售活動患得患失，無法做到揮灑自如。這種情況尤其是在面對大客戶、大人物或者大生意時，表現得更為明顯。有句古語「壁立千仞，無欲則剛」說的就是這個道理。

這種類型的緊張與恐懼，從本質上說與客戶並無多大關係，是業務人員自身將尚未取得的結果已經提前進入了虛擬所有的心理狀態，並且在損失畏懼的心理影響下產生了緊張與恐懼的情緒。要解決這類型的緊張恐懼，需要一顆平常心，不要把結果看得過重，否則就會使自己套上沉重的精神枷鎖。

業務是一種點對點的行銷方式。點與點之間不是一條直線，而是繞過所有障礙的一條曲線，業務員得想方設法地克服重重阻礙，從而實現與客戶「雙贏」的理想局面。可以說，業務員就是努力創造雙贏的「藝術家」。

第二章　先搞定自己—成為客戶首選的業務員

「好脾氣」創造好業績

人要學會調動自己積極的情緒，學會控制自己消極的情緒。只有能夠成熟地控制自己情緒的人，才能走向成功。你能控制情緒，就能調動一切。

在法庭上，律師拿出一封信問洛克斐勒：「先生，你收到我寄給你的信了嗎？你回信了嗎？」

「收到了！」洛克斐勒回答他，「沒有回信！」

律師又拿出二十幾封信，一一詢問洛克斐勒，而洛克斐勒都以相同的表情，一一給予相同的回答。

律師控制不住自己的情緒，暴跳如雷並不斷咒罵。

最後，法官宣布洛克斐勒勝訴！因為律師情緒的失控讓自己亂了章法。

無論在工作中還是在生活中，面對不同的環境、不同的對手，有時候採用何種手段已不太重要，而保持好自己的情緒卻至關重要。

1960年，美國著名心理學家華特‧米歇爾在史丹佛大學的幼稚園進行了這樣一個實驗。一群兒童依次走進一個空蕩蕩的房間，在房間最顯眼的位置，米歇爾教授為每個孩子放了一顆軟糖。

接下來，測試老師對每一個孩子說：「誰能堅持到老師回來時還沒把這顆軟糖吃掉的話，誰就可以得到另外一顆軟糖的獎

勵。但是，如果老師沒回來你就把軟糖吃掉的話，那麼你就只能得到這一顆。」

實驗結果發現，有些孩子缺乏自我控制能力，老師不在，又受不了軟糖的誘惑，就把糖吃掉了。而另外一些孩子則牢牢記住了老師的話，認為自己只要堅持一會兒，就可以得到兩顆軟糖，於是，他們盡量克制自己。他們並非不愛吃糖，卻努力地轉移自己的注意力，他們有的唱歌，有的蹦蹦跳跳，有的乾脆離開座位到旁邊去玩，堅持不看那顆軟糖，一直等到老師回來。就這樣，他們得到了獎勵——兩顆軟糖。

研究者把孩子分成兩組：能夠抵擋住誘惑、堅持下來得到兩顆軟糖的孩子，和不能堅持下來、只得到一顆軟糖的孩子，並對他們進行了長期的追蹤調查。

結果發現，長大後，那些只得到一顆糖的孩子普遍沒有得到兩顆糖的孩子取得的成就大。這就說明，凡是小時候缺乏控制力的人，無論他的智商如何高，其成功的機率都很小。反之，那些小時候便能控制自己，尤其能夠透過轉移注意力來控制自己的人，往往能夠更好地把握自己的人生。

由此看來，人的非智力心理素養的作用在決定人生成敗方面，常常超過智力因素。一個高 EQ 的人，應該是一個能夠成熟地調控自己情緒和情感的人，因而他也就具備了調節別人情緒的能力。

想要控制情緒，就需要先了解情緒。

第二章　先搞定自己―成為客戶首選的業務員

　　情緒其實具有兩極性：比如積極和消極的情緒，激動和平靜的情緒等。同時，由於情緒的強弱程度、情緒的表現形式多種多樣，各種不同的情緒表現形式都可用來作為度量情緒的量尺，如情緒的緊張程度、情緒的激動程度、情緒的快感程度等。

　　積極和消極的情緒就是情緒兩極性的典型表現。積極、愉快的情緒使人充滿信心，努力工作；消極的情緒如悲傷、鬱悶等，則會降低人的行為效率。

　　情緒的兩極性表現為肯定和否定的對立性質：比如滿意和不滿意、愉快和悲傷、愛和憎等等。而每兩種相反的情緒中間，又存在著許多程度上的差別，具體表現為情緒的多樣化形式。

　　兩種情緒雖然處於明顯的兩極對立狀態，但其仍可以在同一事件中同時或相繼出現。例如：兒子在保衛國家的戰爭中犧牲了，父母既體驗著英雄為國捐軀的榮譽感，又深切感受著失去親人的悲傷。

　　同樣，對於人來說，同一種情緒也可能同時具有積極和消極的作用。恐懼會使人緊張，抑制人的行動，減弱人的正常思維能力，但同時也可能調動他的潛力，促使他向危險挑戰。

　　緊張和輕鬆也是情緒兩極性的一種表現。緊張總是在一定的環境和情景下發生的，如客觀情況賦予人需要的急迫性、重要性等，人們在這種時候就極易產生緊張情緒。當然，緊張也取決於人的心理狀態，如腦力活動的緊張性、注意力的集中程

度、活動的準備狀態等。

通常情況下，緊張會對人活動的積極狀態產生顯著的影響。它引起人的應啟用動，產生對活動有利的一面。但過度的緊張則可能使人產生厭惡、抑制心理，並導致行為的瓦解和精神的疲憊，甚至崩潰。

情緒的兩極性還可以表現為激動和平靜。爆發式的激動情緒強烈而短暫，如狂喜、激憤、絕望等。而平靜的情緒狀態在人們的日常生活中占據著主導地位，人們就是在這種狀態下，從事持續的智力活動的。

作為情緒兩極性的一種表現方式，情緒的強弱變化也異常明顯。它經常呈現出從弱到強或由強到弱的變化狀態，比如從微弱的不安到強烈的激動，從暗喜到狂喜，從微慍到暴怒，從擔心到恐懼等等。情緒變化的強度越大，自我受情緒影響的趨向就越明顯。

對於業務人員而言，「好脾氣可以創造出更好的業績」，已是許多金牌業務員的經驗之談。

所謂「好脾氣」，就是指與客戶商談時能夠適當地控制自己的情緒，不發火、不偏激，即使遭受客戶的冷言冷語也不以激烈的言辭予以還擊，不說什麼過激的話，懂得忍耐，報之以微笑。這種「你生氣來我微笑」的工作態度往往能夠打動客戶，最終達成交易。

第二章　先搞定自己—成為客戶首選的業務員

但是，業務新人往往不能控制自己的脾氣，這樣也絕對成不了一個優秀的業務員。不妨在每天晚上睡覺前問問自己：今天，我發脾氣了嗎？

沒有目標就別想成功

「80%的社會財富集中在20%的人的手裡，而80%的人只擁有社會財富的20%。」這就是「二八法則」，又稱帕雷托法則。「二八法則」是生活中一個很重要也很有意思的法則，「它反映了生活中的一種不平衡性，它在社會、經濟及生活中無處不在，它的應用甚至像黃金分割一樣普遍。商家80%的銷售額來自於20%的商品，80%的業務收入是由20%的客戶創造的，同樣的，80%的財富掌握在20%的人的手裡。

從「二八法則」我們可以推算出，並不是每一個從事業務的人員都能夠成為生活的「寵兒」，在所有從事業務工作的人群中，80%的銷售業績將會由20%的人來完成，並且這20%的人將賺走80%的錢。

我們再來繼續進行推測，根據「二八法則」，前20%的業務人員的平均收入大約會是剩下80%的人平均收入的16倍。但這還不是我們所要呈現的全部真相，因為在這裡所計算的還只是平均收入。

在前 20％的菁英業務族群中,「二八法則」仍然發揮著作用。按照理論計算,意味著有 4％的業務人員將賺取總業績的 64％。這一次,你也許開始為他們的特殊性瞠目結舌了,因為這 4％的人所完成的業績和所賺取的錢超過了其餘所有人的總和。和整個社會的資源財富流向情況一樣,最終能夠成為業務領域成功者的人只是站在金字塔頂端的一小部分。

如果你想成為一個成功的業務人員,首先要做的第一件事情,就是給自己一個目標定位。那就是你屬於業務人員分布當中的哪一個群體。如果有人情願將自己定位在後 80％的業務員之中,那麼可以直接跳過本節內容。如果不是,那麼從現在開始,你就要不斷地讓自己成為優秀的前 20％。把「永遠站在金字塔的頂端」作為自己的人生目標。

蘇聯著名作家、詩人高爾基曾說過一句話:「一個人的奮鬥目標越高,其所激發的動力就愈大。」全球第一暢銷書《心靈雞湯》作者馬克‧漢森說過:「唯有不可思議的目標才能產生不可思議的結果。」這些看起來風馬牛不相及,實際上卻反映了一個共同的道理:志向決定格局,態度決定高度。

因為你的格局一旦被放大之後,就再也回不到你原來的大小了。如果我們的格局是一個杯子的大小,那麼最多就只能裝一個杯子的水。如果我們能把心中的這個杯子變成一個桶子的話,可以裝的水就變多了。如果再把桶子變成浴缸,變成游泳

第二章　先搞定自己—成為客戶首選的業務員

池……當格局越來越大的時候，我們裝進去的東西就越來越多。

有了追求卓越的想法很好，但這還不夠，因為只是有這樣一個念頭，並不會改變你眼下的境況，而且如果你不能找到一條通向成功的路徑，那麼也許若干年後，你仍然還只是停留在想想而已的階段。

美國一位銀行家曾經說過：「你要先扮演一個角色，然後才能真正成為那個角色。」對於一個從事業務工作的人來說，首先要讓自己在心理上進入頂尖業務人員的行列，你才能最終成為其中的一員。如果你在心裡總是覺得自己無法完成某項工作，那麼在現實工作中，你也十有八九會把事情搞得亂七八糟。

要想實現從一個普通業務人員到優秀業務人員的跨越和轉變，首先要解決「如何看待自己」這個問題。一個人如何看待自己是決定很多其他事情的關鍵因素。一個人對自我的認知和評價，將決定你在實際工作中的表現與成效。當一個人在心理上真正進入了自己所希望成為的角色之後，那麼他的行事準則都將隨之發生改變。

有了想要成為優秀業務人員的念頭，並且在自我意識中也做好了進入角色的準備，那麼接下來還需要做些什麼呢？是的，我們需要找出決定差異的因素。如果是前20%的人做出了80%的業績並獲得了80%的金錢報酬，那麼究竟是什麼因素讓這些人獲得如此巨大的財富領先呢？

或許有些人認為是人與人之間稟賦或能力的巨大差別，也有人認為是運氣使然。事實上，決定優秀與普通的各種要素中，人與人之間稟賦的差別並不很明顯，有時在某些方面甚至只是微小的差別。將優秀與普通區分開的一個重要原因，常常只是因為優秀的業務人員能夠堅持將一些小事情或者小目標一遍又一遍地做好。每一次小目標的達成，都成為一次自我強化的過程，從而使自身的優勢在一次次的自我強化中得以累積。

強化理論是美國心理學家和行為科學家伯爾赫斯‧弗雷德里克‧史金納提出的。史金納認為：「無論是人還是動物，為了達到某種目的，都會採取一定的行為，這種行為將作用於環境，當行為的結果對自身有利時，這種行為就會重複出現。」

成為一名頂尖業務人員是一個鼓舞人心的目標，要實現這一目標，就需要在日常工作中培養業務所需的基本特質，同時，按照循序漸進的原則為自己設立一系列小目標。這樣不僅易於目標的實現，而且每一次達成的小目標都是對基本特質的不斷強化。

追求優秀是一種決心，需要不斷的被強化，很多人通常願意花費幾十年的時間去從事業務工作，卻不願意在每一次的銷售過程中盡全力做到優秀。這就是普通與優秀的差異根源。

第二章　先搞定自己—成為客戶首選的業務員

你的印象價值百萬

所謂印象管理，是指人們在人際互動時或自我表現中運用各種技巧和方法左右他人，試圖影響他人對自己的態度和看法，以期建立良好印象的過程。談到印象管理的必要性，我們不得不提到月暈效應（也稱為「光環效應」）。

月暈效應是指人們對他人的認知判斷首先是根據個人的好惡得出的，然後再從這個判斷推論出認知對象的其他特質的現象。如果認知對象被標明是「好」的，他就會被「好」的光圈籠罩著，並被賦予一切好的特質；如果認知對象被標明是「壞」的，他就會被「壞」的光圈籠罩著，他的所有特質都會被認為是壞的。

這種強烈知覺的特質就像月亮形式的光環一樣，向周圍瀰漫、擴散，從而掩蓋了其他特質，所以被人們形象地稱為光環效應。正是由於這種心理效應的存在，業務人員對於自身的印象管理就顯得非常重要。

在這裡我們所指的印象，既包括業務員的外表及裝束，同時也包括業務員的自信心、談吐、流露出的獨特氣質及在專業領域的知識累積。業務員的印象管理是一個獨立於每一單生意之外的系統工程。

外表的魅力是最容易導致光環效應的因素。即使在強調個

人意識的今天，也並不因為人們個人意識的增強而減弱。當你對一個人的外表產生好感時，他的身上就會出現積極的、美妙的甚至是理想的光環。

雖然現在很多人會在道德層面上抨擊以貌取人及對外表過分關注的做法，但是不可否認的是，正如美國學者羅伯特・西奧迪尼在其行銷學著作《影響力》(*Influence: Science and Practice*) 一書中所指出的，人們通常會下意識地把一些正面的特質加到外表漂亮的人頭上，像聰明、善良、誠實、機智等。

美國社會學家也做過這麼一個實驗：一名實驗者被安插進「紐約城公司」總部，他穿著一雙黑色的、飾有大白鞋釦、鞋跟磨壞的皮鞋，一件俗麗的青綠色上衣和一條印花棉布領帶。到了總部之後，這名實驗者先讓前50名祕書去把他的公事包取回來，結果這50名祕書中只有12人聽從了他的吩咐。在後來的實驗中，他穿上了華貴的藍上衣、白襯衫，繫著一條圓點絲質領帶，腳上穿著一雙高級皮鞋，髮型整齊。在後面的50個祕書中，有42個人提供了他要求的服務。

由上述案例我們可以看出，不同的裝束對其他人的影響力有多大的差別。可以說，人類所產生的印象判斷相當程度上是依賴於視覺的。也正因為如此，在正式的商務場合中業務人員應該要盡量採用正式著裝，穿著打扮不能太過隨意，切忌完全按照自己的個人喜好來選擇外表裝束。正式的著裝不僅能傳達

第二章　先搞定自己──成為客戶首選的業務員

給客戶一種重視與尊重的資訊，而且還能很好地與商務氛圍融合在一起。

除了外表裝束之外，業務人員的談吐與語言能力也是影響客戶對業務員印象判斷的關鍵因素之一。在人與人溝通的過程中，談吐會將一個人的內涵充分地展現出來。事實上，一個人的談吐不應該被看作是一種技能，而應該被看成是一種藝術。優秀的談吐有助於拉近與客戶之間的距離，使彼此的感覺由陌生變成熟悉，由冷漠變成熱情。

在與客戶的交流過程中，優秀的業務人員還能夠運用幽默與熱情，透過幾句話製造出和諧的溝通氛圍，同時也給客戶留下容易與之交往相處的印象。

業務人員與客戶的溝通與平時的朋友聊天有很大的不同，雖然幽默、熱情很重要，但這還不夠，業務人員向客戶傳達的訊息中不僅要表現出良好的語言能力，更要言之有物，這就是我們所指的在專業領域的知識累積。因為擁有豐富的專業知識能夠使你在客戶那裡的印象被定義為「專業」。因為客戶在做出購買決定的時候更願意順從專業人士的意見和建議。

一個業務人員如果沒有優秀的溝通能力與專業累積的話，即使再美麗的外表，再華貴的裝束也無濟於事，不具備上述兩種能力的業務人員開口說不了幾句話就會露出破綻，外在與內在的對比反差還容易使客戶產生「金玉其外、敗絮其中」的感覺。

關於印象管理，我們最後要說到的是業務人員的自信。自信是積極溝通的首要因素，也是留給客戶可靠與專業形象的代表性特徵之一。試想，身為一個業務人員，如果本身沒有自信，那麼對於所從事的工作，所銷售的產品，必然會表現出不確定性。對於連自己都無法相信的東西，又如何能夠期待客戶堅定不移地選擇呢？

自信是一種心理狀態的外在流露，是對自我認知與判斷所抱持的肯定態度。一個人的自信並不是與生俱來的，而是一種透過鍛鍊與學習，逐漸建立並保持的心理技巧。自信可以來自年齡、閱歷、成就及財富，但更重要的是來自自我心態的調節。所謂擁有自信並不是指對工作與生活毫無恐懼和焦慮，而是相信自己能夠克服面臨的恐懼與焦慮。

當然，在業務工作中對於自信的表露也要掌握一個適當的分寸，過分的自信和不分場合的自信很容易被定義為自負，而自負留給客戶的印象就不再是專業與可靠了，自負最容易讓人聯想到的印象是挑釁和狂妄。業務人員在工作中必須面對形形色色的人，他們的言語和非言語行為，直接影響著銷售的成敗。實際上，銷售是一門贏得顧客的藝術。為獲得客戶所期望的印象，業務人員必須進行印象管理。

第二章　先搞定自己—成為客戶首選的業務員

人格魅力也是一種資本

有的時候，有些人即使是在偶然的機會與其他人相識，只有一面之交，也能引起其他人的注意，使其他人覺得喜悅，願意與之交往。人們通常把這種情況歸結於人格魅力的作用。

那麼，究竟什麼是人格魅力呢？人格魅力具體所指的是一個人在性格、氣質、能力、道德品格等方面具有的能夠吸引人的力量。凡是能夠受到大多數人歡迎的人，都在一定程度上具備自身獨特的人格魅力。

現實中，我們每個人都必須與其他人接觸和交往，尤其在現在這樣一個年代，幾乎沒有人能夠離開群體而獨自生存。各式各樣的人際關係建構成了這個社會的基礎。

人際關係是這個世界上最基本的一種關係，卻也是處理起來最複雜的關係。在人與人交往的過程中，很有可能由於性格特徵相近的緣故，在很短的時間內就建立起相互的好感，卻也很有可能由於價值觀念的不同，而彼此疏離。

事實上，上述這些現象的出現都可以看作是人格魅力的作用結果。人格魅力的判斷是人際關係交往的最基本衡量指標。換言之，人格魅力能夠影響到人際交往的最終效果。

對於業務工作，這種由人格魅力差異所引致的結果不同，在現實中表現得更為頻繁，也展現得更為充分。對於業務人員

人格魅力也是一種資本

而言,很多時候決定生意成敗的並非是產品,而恰恰是人格魅力這個生意之外的銷售「籌碼」。

莫洛是美國紐約某著名銀行的董事長兼總經理,他那總經理的寶座,使他年收入高達上百萬美元。其實,他最初不過在一個小法庭做書記官而已,但後來他的事業卻取得了驚人的發展。那麼,莫洛究竟靠什麼法寶贏得這一切呢?

莫洛一生中最重大的一件事就是,他博得了大財團創辦人的青睞,從而一蹴而就,成為了全國矚目的商業鉅子。據說創辦人挑選莫洛擔任這一要職,不僅是因為他在經濟界享有盛譽,而且更多的是因為他的人格非常高尚。

與莫洛類似,傑佛德也從一個社會地位卑微的會計做起,步步高升,直到後來出任了某電話公司的總經理。他經常對別人說,他認為「人格」是事業成功的最重要的因素之一。他說:「沒有人能準確地說出『人格』是什麼,但如果一個人沒有健全的特性,便是沒有人格。人格在一切事業中都極其重要,這是毋庸諱言的。」

人格魅力是一個人的品格、能力、情感的綜合展現,一個人所擁有的人格魅力的根源來自其具備的人格特徵。人格是構成一個人的思想、情感及行為的特有模式。它是一個複雜的結構系統,包括許多成分,其中主要有氣質、性格、認知風格、自我調整等方面。自我調整是人格中的內控系統,具有自我認知、自我體驗、自我控制三個子系統。

第二章　先搞定自己—成為客戶首選的業務員

人格按照表現類型的不同，我們可以將其分為本性的人格和虛假的人格。本性的人格即真實的自我，虛假的人格所表現出的則是與本性並不一致的特徵，這類人格會隨著環境的不同而選擇性地展現不同的特徵。其實這類人格算不上卑鄙，只是圓滑而已。

散發出持久魅力和吸引力的人格是本性的人格，擁有真實人格的人所流露出的氣質是自然的，沒有半點做作的成分，這種魅力具備持久的特徵。而擁有虛假的人格的人即使一時能夠看起來應對自如，遊刃有餘，但是虛假的一面遲早會被人識破。

一個人之所以被其他人接受、認同和青睞，通常是由於其在行事過程中，在言語、眼神、情緒等表現方式中所透露出的真實的人格特徵。由人格魅力所產生的親近或者厭惡的感覺，是沒有辦法用產品及商業中的其他東西加以替換的。通常來說，業務人員所具備的人格魅力能夠給整個銷售過程奠定一個溝通的氛圍和基調。

想要成為一名優秀的業務人員，在人格魅力方面的提升與自我修練必不可少。一般來說，具有魅力的人格特徵通常都具備以下這些共性：

• 在對待生活和工作的態度上，具備較強人格魅力的人往往是那些待人真誠、熱情、對人友善、富有同情心的人，他們在生活和工作當中通常還會表現出勤奮進取的態度。

人格魅力也是一種資本

- 在理智和思考方面,具備較強人格魅力的人往往具有敏銳的洞察力和豐富的想像力,擁有縝密和較強的邏輯思考能力,並且富有創新意識和創造能力。
- 在自我情緒的掌控方面,具備較強人格魅力的人通常善於控制和支配自己的情緒,不會喜形於色,也不會悲不自已,他們始終能夠保持樂觀開朗、振奮豁達的心境,所表現出的情緒具有穩定而平衡的特徵。
- 在意志和決斷方面,優秀的人格魅力具備目標明確、行為自覺、善於自制、勇敢果斷、堅韌不拔和積極主動等一系列優秀的特質。

無論一個人的相貌是否英俊,如果具備了上述這些優良的品格特徵,在與人溝通交往的過程中,都會具有受人愛戴與尊敬的凝聚力。

有些人可能會想,人格魅力與印象管理不是很類似嗎?事實上,人格魅力是作為一個人根本性的內在素養,而印象管理是有意識地去加強外部展現。印象管理尚可因時因地改變,而人格特徵卻如同烙印一般無法抹去也無法偽裝。

人們唯一能做的是,不斷磨礪優秀的特質,不斷加強人格的修養,這種持之以恆的自我歷練,會在生活和工作中不斷為你帶來意想不到的收穫與回報。

第二章　先搞定自己—成為客戶首選的業務員

投機心理靠不住

我們所處的時代是一個經濟飛速發展的時代，在這樣一個時代裡，時不時地就會冒出一些快速成功的範本和案例。在對這些事業和財富上獲得光鮮成就的成功者投去羨慕目光的同時，很多人也產生了對成功的強烈渴望。

有人在網路上開玩笑地說：「現在每天都只想三件事。早上起來想的是一朝暴富，傍晚回家想的是一夕暴富，晚上睡覺的時候就想一夜暴富。」從這樣的歸納中，我們不難看出人們追求迅速成功的投機心理，而這種投機心理往往會使人們把發展的希望寄託在某幾次賭博式的行為中。

這種普遍存在的投機心理有其道德文化層面的根源，我們一直以來都在接受著「聰明」的處世薰陶。從古至今，凡是投機成功的案例都會被反覆頌揚，一時間所有光環都會籠罩在身，其合理性和正確性也總是被無限放大。

在古代，諸葛亮堪稱是把投機發揮得最淋漓盡致的人之一，草船借箭、火燒赤壁，還擺下令司馬懿退兵的空城計……這些以小博大，四兩撥千斤的戰術被後人傳為佳話。不僅這些故事備受推崇，諸葛亮本身也被神化為智慧的化身，為準備投機的「聰明人」提供了最好的仿照對象。

但是人們往往忽略了諸葛亮做出這些投機舉動的背景，他

投機心理靠不住

通常都是在逼不得已的情境之下才採取投機行為的，況且三國演義的故事結局並沒有以蜀國的最終勝利而告終。相反，從開始到最後，蜀國雖然利用區域性的幾次投機戰術取得了一些階段性的勝利，卻始終實力最弱，區域性的投機勝利只為其贏得了暫時的喘息而已。雖然蜀國能夠在一段時期內謀得自保，卻也無力他圖。

想要以小博大，希望透過投機來獲得成功或者避免損失，雖然在現實中也能夠列舉出不少「成功」的典範，但這種做法得到的成功屬於低機率事件，並非是發展道路上的常態。機率是一種很客觀的數學規律，它並不會由於誰有著迫切的心情而給予特殊的眷顧。

一個人在發展過程中如果陷入投機心理的迷思，那麼獲取成功的機會就會變得非常渺茫，發展將不再由自己掌握。把自己的發展交給了運氣去安排，勢必也會受到運氣的嘲弄。投機心理會帶給工作不少負面影響。比較常見的表現之一就是，在追求成功的過程中不尊重事物發展的客觀規律。有些人並非不願穩步發展，也承認腳踏實地的做法是生活的常態，但卻總是寄希望於某一件事情的偶然性，對成功的迫切追求導致他們總希望奇蹟出現，由投機來奠定未來發展的格局。

持有這種心態的業務員往往期望得到與實際的資源或能力不匹配的商業利益，有時候為了達到心中的期望，甚至不惜造

第二章　先搞定自己—成為客戶首選的業務員

假,以欺騙的手段獲得利潤。這些心態都是投機心理衍生出的,但是這樣的做法卻注定不會具備持久的生命力。即便有時透過一些小伎倆能夠取得一定的短期利益,但從長遠來看,對於一個企業的長遠利益或者對於一個人的長足發展來說,都不是一件值得慶幸的事。

還有一種典型的投機心理是,對於已經犯下的錯誤希望能夠不被發現而僥倖躲過現實的懲罰。這也是將希望寄託在機率上的一種表現。有人可能覺得,將順利地矇混過關與不幸被發現這兩者進行比較的話,矇混過去的機率有時候還要更大一些,而且掩蓋錯誤立刻能見到收益,那就是避免當下的損失與懲罰,這難道不值得一試嗎?

西方有個常用的俚語叫做墨菲定律。「如果有兩種或兩種以上的方式去做某件事情,而其中一種將導致災難,則總是有人會做出這種選擇。」懷有投機和僥倖的心理而掩蓋錯誤的做法,所關係到的並非只是眼下的利益,更多的是長期利益。一個業務員,其聲譽的好壞是一種長期的無形的資產。

一個非常淺顯的道理:在一罐酒中加入一勺汙水,得到的將是整壇的汙水,這個道理顯而易見。但是人們在面臨維護聲譽與避免損失的選擇時卻往往有意地選擇忘記這回事。

在業務工作中出現問題或者失誤在所難免,應對已經出現的錯誤,最重要的是正視錯誤並積極採取應對措施,以投機和

僥倖心理企圖矇混過去的做法是最不可取的，因為這種做法是以企業和個人的長期商業信譽作為一時的賭注，而這是一個輸不起的賭局。

業務人員在業務工作中必須摒棄投機心理，放棄一單生意就能改變一生的想法，也不要寄希望於某一天有貴人突然出手相幫。腳踏實地將每一步走好，堅持可持續發展的思路才是優秀的業務員應具備的良好心態。

與正確的人做正確的事

一個人能夠取得多大的發展與成就，相當程度上取決於他所選擇的參照對象，也就是與其有著密切關聯的群體。選擇什麼樣的參照對象是影響未來發展的一個重要因素，俗話說「物以類聚，人以群分」，一個人所選擇的參照對象，能夠對其價值觀、態度及行為方式產生重要的影響。

選擇什麼樣的人群作為你的參照對象，將會在相當程度上決定你最終屬於哪一個群體。如何正確選擇參照對象是每一個追求發展的人都應當弄清的基本問題。對於工作中接觸到的人群，我們要學會進行客觀的甄別與篩選。在這裡，我們將這一過程分解為幾個層面逐一進行整理。

第一個層面是，在工作中選擇學習和追隨的榜樣。在這個

第二章　先搞定自己—成為客戶首選的業務員

層面上,應當選擇菁英人士來作為自己的行動榜樣。那麼,什麼是菁英人士呢?不一定非得是住豪宅、開名車的人才能夠被稱為社會菁英。只要這個人在某一工作領域內有所建樹,能夠遊刃有餘地駕馭局面,就可以稱得上是這一方面的菁英。

事實上,我們在工作的過程當中能夠在身邊發掘出很多具備上述特點的人。在同樣的條件下,他們往往能做到比大多數人更加出色,他們是自己工作領域內的領先者。如果你也想要成為自己所屬群體的佼佼者,那麼就需要將這些人作為參照對象,向這些工作中的領先者學習。按照他們曾經做到的那樣,對自己的發展道路進行必要的規劃,同時學習他們身上所具備的那些促使他們變得出類拔萃的品格特徵。

在追求成功的道路上,要時刻提醒自己,不要將群體內的落後者作為自己的行動參照。否則,你只會按照他們的標準和模式看待問題,也就逐漸地喪失了追求的動力,因而甘於平庸。正像著名的行銷大師金克拉(Zig Ziglar)所說的:「如果你總是和火雞抓來撓去,你就無法與蒼鷹齊飛。」

第二個層面是,在工作中找到與你優缺點互補的夥伴。很多人在交朋友的時候喜歡與那些和自己性格很類似的人做朋友,認為彼此之間意氣相投、心意相合,相處起來彼此都覺得很愜意。但是在工作交往中,只願和自身特點很類似的朋友接觸是一種心理上的偏誤。由於所接觸的人都表現出很強烈的趨

同性,這會使你所能應對處理的問題偏向單一,儲備的資源也僅限於某個方面,這樣的人際交往容易使事業發展遇到瓶頸而陷於停滯不前的狀態。

真正能夠在事業和工作上帶給你幫助的正是那些與你在行為方式、能力特點或性格脾氣方面有著一定差異,但是彼此卻能展現出互補優勢的朋友。當然,在這裡我們所指的能力特長,關於某個人的道德判斷並不適用上述的差異化原則。無論對於自己還是朋友,都應當把具備優秀道德品格作為最基本的評判準則。

關於關聯人群的最後一個層面是針對商業客戶的。客戶對於業務人員來說,是一個重要的群體。在銷售過程中,業務人員與客戶溝通互動的過程,不僅是一個實現銷售的過程,同時也是一種互相學習和影響的過程。

從事業務工作的人基本都會在心裡對客戶進行篩選和評判,但採用的標準往往是很感性的,通常以個人的喜惡偏好代替客觀的評價標準。對於自己主觀上認為難纏的客戶或者不喜歡的客戶,在約見時就容易產生恐懼,而將其排在開發計畫的最後,甚至乾脆從拜訪的客戶名單中除去。這樣的做法並不可取。銷售中對於客戶的甄別與篩選是非常必要的,但是評判標準要著眼於客戶能夠為企業和業務創造多少價值上來。

優秀的業務人員應該培養與各種類型的客戶打交道的能力,

第二章　先搞定自己—成為客戶首選的業務員

而不是只做某一種類型的客戶的生意。在接觸的過程中，既能夠取得商業利益又能夠博採眾長，何樂而不為呢？

讓你的敵人都相信你

人最寶貴的品格就是誠信。沒有誠信的品格，熱情就會變成逢迎，謙虛就會變成虛偽。誠信是做人之本，也是經商之本。沒有誠信的人一旦經商就會欺詐而不講信譽，進而朋友棄之，生意斷之，失敗是其必然結果。反之，以誠待人則有義，以誠經商則信立，於是朋友如雲，機遇迭至，成功自然不在話下。

有人曾問過香港富商李嘉誠：「做人成功的要訣是什麼？」李嘉誠回答道：「我認為做人成功的重要條件是誠信，讓你的敵人都相信你。我答應的事，明明吃虧都會做。這樣一來，很多商業的事，人家說我答應了，比簽合約還有用。」

李嘉誠把誠信看得比自己的生命還重要，他不止一次強調誠信對自己成功的重要性。「當你建立了良好的信譽後，成功、利潤便會隨之而至。」人們相信李嘉誠的「誠」，相信李嘉誠的「信」，相信跟著李嘉誠不會吃虧。李嘉誠人如其名，其誠可嘉。「李嘉誠」三個字就是金字招牌。

有關「誠信」，李嘉誠還講過這麼一段小故事：

讓你的敵人都相信你

「曾經,我有個對手,人家問他:『李嘉誠可靠嗎?』他說:『他(指李嘉誠)講過的話,就算對自己不利,他還是按諾言照做,這點是他的優點。答應人家的事,錯的還是照做。讓敵人都相信你,你就成功了。』

舉個例子。有一次,我們將和一家擁有大幅土地的公司進行合作,他們公司有個董事跟我的其他同業是好朋友,有利益關係,就問為什麼要跟長江集團合作,而不考慮其他公司。他們主席(指董事長)說:『跟李嘉誠合作,合約簽好以後你就高枕無憂,沒有麻煩;跟其他人合作,合約簽好後,麻煩才開始。』

這是一家大公司,公司全部的人包括高級主管都知道,結果沒有人敢講話,所以一次會議就通過。這個案子,長江集團賺了很多錢,對方也賺了很多錢,是雙贏。」

如果說李嘉誠在商業上的成功來自他經商技巧的精妙,那麼誠信則是他成功不可或缺的根本所在。

在一個商業社會裡,「貪婪」是商人的本性,錢賺得越多越好。但是,李嘉誠卻是個例外。對於送到面前的、利潤非常誘人且法律也准許的賺錢機會,如果他認為是不應該做的,違背了他對客戶承諾的「共享共榮」的諾言,那麼他情願犧牲這次賺錢的機會也不會昧著良心去做。可以毫不誇張地說,李嘉誠是「厚德載物」的一代儒商,他以自己的實際行動改變了人們眼中唯利是圖的商人印象。

第二章　先搞定自己─成為客戶首選的業務員

眾所周知，長江企業控股有限公司是一個跨國經營的大集團，在外國許多地區都有巨大的投資。

在某個國家的某個區域內，長江投入了數額頗大的資金，連機場、高爾夫球場都有好幾家，差不多有50多萬畝的面積。這個國家的首相為配合該地整個旅遊區的賭場牌照，也給了李嘉誠一個賭場的牌照。

雖然長江的專案經理知道董事長不喜歡此類事情，但考慮到賭場會帶來的鉅額利潤，他還是向李嘉誠提了一個建議：「經營這個（賭場）不用本錢，又有錢賺。別的不說，單是將領取的這個賭場的牌照租給其他外國人經營，每年租金也高達一億五千萬美金之多。」但李嘉誠是一個堅持原則的人，對「賭」一向是敬而遠之的。他沒有在巨利面前屈服，依然在建議書上寫下了「放棄」兩個字。

專案經理見自己勸說不了李嘉誠，又讓那個國家的首相親自來香港遊說李嘉誠。首相對李嘉誠說：「整隊兵纏著我，跟我要牌照。我給了你，因為你有大的發展在這裡，你為什麼不要？這可是個好事業。」李嘉誠依然不為所動，堅守著自己的經營理念：可以賺的錢應該賺，不過要合法合理。因為賭場生意合法但不合理，所以他是不會做的。

難怪長江有人說：「我們董事長（指李嘉誠）啊，最容易的生意他就不要，辛苦得不得了的他偏做。」李嘉誠並不這麼認為，他說：「我的想法是，賺錢好，但是對人有害的事情不做。」

有些生意，給多少錢讓我賺，我都不賺；有些生意，已經知道是對人有害的，就算社會容許做，我也不做。」

俗話說：「百金買名，千金買譽。」一個人失去了誠信，就等於失去了一切，即使想恢復自己的聲譽，也會在自己的履歷上留下汙點。只有真正明白「誠者，天之道；思誠者，人之道」的道理，把誠信當成做人的基本要求，養成追求誠信的自覺，才能奠定建立誠信的堅實基礎，構築成功的前提。

李嘉誠拒絕「賭場牌照」一事，正是從道德範疇很好地詮釋了「誠信」的含義：待人處事真誠、老實，講信譽、守信用，反對隱瞞欺詐，反對危害社會，始終堅持以誠信求生存，以誠信謀發展。在紙醉金迷的香港，在變幻莫測的商海，他為自己開闢了一方淨土，保持了自己的真誠，留守了一份與世不同的清寧。

「對人誠懇，做事守信，多結善緣，自然多得朋友幫助。淡泊明志，隨遇而安，不作非分之想，心境安泰，必少許多失意之苦。」李嘉誠的一言一行都恪守著自己的誠信原則，讓他獲得了巨大的商業機會，由一個逃難到香港的窮小子，在短短幾十年之內迅速成為了世界十大富豪之一，連股神巴菲特都對他讚譽有加。

至此，我們沒有人會懷疑李嘉誠經商的天賦，但他的經歷帶給我們的啟示是：誠信，讓你的敵人都相信你，你必將取得巨大成功。

第二章　先搞定自己—成為客戶首選的業務員

對於業務員來說，誠信可以說是其最重要的銷售工具。有很多理論試圖說明為什麼一些業務人員比另一些業務人員更成功。一些理論認為差別在於銷售技巧，另一些則認為關鍵是與生俱來的天賦。然而，在我看來，銷售成功最重要的來源是個人的誠信。

靈靈是某家商場的服裝業務員，一位客戶在購買外套時發現袖口上有很多褶皺，於是打算放棄購買。靈靈為了保住這張單子，死死纏著客戶讓其購買，並企圖隱瞞外套上存在的缺陷。

靈靈說：「小姐，這款外套真的不錯，而且這些褶皺沒什麼，只是長時間積壓造成的。我用手這麼拉一下，褶皺立刻就不見了，您回去熨一下即可。」

客戶說：「我還是不喜歡新衣服沒穿就拿去熨，妳幫我拿一件新的吧。」

靈靈說：「美女，實在抱歉。這款外套就剩這一件了。」

客戶說：「那你們什麼時候進新貨，我再來買。」

靈靈說：「最早也得下週了。」

這位客戶轉身打算離開，靈靈急忙改口說：「也許我記錯了。我這就幫您找找，看還有沒有新的。」客戶朝靈靈笑了笑，藉故離開了。

靈靈的強詞奪理、故意隱瞞讓客戶徹底對她失去了信任，結果就是不歡而散。

楠楠也是這家商場的一名服裝業務員，她同樣遇到過這樣的情況。當時，客戶看上了一款香檳色的小西裝，可是發現領子上有兩處因走線稍緊而造成的小褶皺，就打算放棄購買。

這時候，楠楠拿著衣服非常誠懇地對客戶說：「小姐，非常對不起。這的確是我們進貨過程中的一點失誤。這樣吧，我幫您優惠一點，打九折，可以嗎？」

客戶想了想，點點頭。楠楠繼續說：「其實，這只是一個小問題。我幫您免費處理一下，不會影響外觀的。」

優秀的業務人員必須為產品說實話，承認產品本身的缺點和不足，勇於面對問題，而不要執意隱瞞。楠楠就非常機靈，她看到客戶有購買意向，之所以抓住衣服上的一點瑕疵不放，就是想以此為籌碼壓低價格。於是，她便順水推舟順應客戶的心理需求，不但達到了客戶「壓低價格」的目的，而且成功售出了衣服。

在推銷過程中，每個業務人員都會遇到特別挑剔的客戶。此時，無論自己所推銷的產品是否存在缺陷，最重要的一點就是態度，明確自己產品的優劣勢在哪，而且會用產品的這些優勢去彌補弱項，爭取客戶的購買權。

根據市場的稀缺原則，越是稀缺的東西越是珍貴，誠信已經成為市場中最為稀缺的資源。因此，在一個許多人不負責任的年代，最好的品性莫過於誠信。優秀的業務員總是以誠信為

第二章　先搞定自己―成為客戶首選的業務員

明燈，它可以消除心靈的黑暗，迅速地獲得客戶的信任，從而做出更好的業績。

不管遇到誰，都要有意識地睜大眼睛

希臘神話中的海倫用迷人的眼神招來了艦船，美國民族英雄大衛‧克羅克特可以用眼神逼退狗熊，情侶間的眼神能夠傳達彼此間的愛意。在很多場合中，眼神都有非常重要的交際作用，一個有分寸的眼神能帶來很強的震撼力。

曾有心理學家專門對此做過一項調查，他將兩張眼睛的照片放到觀眾面前，一張是眼睛睜得大大的，另一張是眼睛有些微微瞇起的，問他們喜歡哪一張。很多人都說喜歡眼睛睜得大大的那張。

人們為什麼會喜歡睜大眼睛的照片呢？因為眼睛在睜大的同時，瞳孔也會隨之擴大，眼睛會變得有神，使整個人看起來很精神，很有活力。同時，睜大的眼睛也在向別人傳達著一個訊息──「我對你很有興趣」或「我很喜歡和你交談」。接收到這種訊息的人也會變得特別開心，並願意和你交流。

美國金牌業務員查理去某大學商學院做演講。當時大講堂裡有幾百個學生，查理很快就被一個女學生所吸引。她的外貌並不出眾，但查理還是忍不住看她，就像整場演講只在為她而

講一樣。

為什麼會產生這種效果呢？因為查理發現，那個女學生的眼睛睜得大大的，始終沒有離開過他的臉，就好像在如飢似渴地吸收他講的每一句話。女學生的崇拜讓查理很興奮，整場演講都滔滔不絕，甚至還加入了很多講稿上所不曾引用的案例，以至於演講時間超出了很多。

演講結束，查理走到那個女學生身邊，想與這位知己好好談談。可是，當他問那個女學生對演講的哪部分內容印象最深時，對方很抱歉地說：「實在不好意思，我根本聽不清楚你所講的內容，因為我前面的同學雖然戴著耳機聽音樂，但是聲音還是影響到了我。所以我只能透過觀察您的嘴唇和表情來判斷您說了些什麼。」雖然那個女學生的話讓查理感到有些遺憾，但是她睜大眼睛注視自己的神情還是給查理留下了深刻的印象。

通常人們在遇到自己關注或感興趣的事情或對象時，都會將瞳孔擴大。不信大家可以觀察一下，當男性看到女性洗澡的照片時，瞳孔的擴大率為 11.3%，而當他們看到女性的泳裝照時，哪怕是在無意識的狀態下，瞳孔的擴大率仍可高達 20%。所以無論我們遇到誰，只要有意識地睜大自己的眼睛，給人留下的印象至少比不睜大眼睛時好 2～3 倍！

這裡也建議所有業務人員，在與客戶交談時，如果想博取對方的喜歡，順利拿到訂單，那麼在與其接觸時，最好不要瞇起眼睛，因為那樣就好像在告訴別人「請不要再說了」、「我不喜

第二章　先搞定自己—成為客戶首選的業務員

歡這個話題」、「我對你沒興趣」一樣，對方看到後當然也不會開心，而是要努力睜大雙眼，讓對方敞開心扉，得到他們的信任。

今天，我要學會控制情緒

有一個法官在宣判一個殺人犯的死刑後，走到這個囚犯面前，對他說：「請問，你還有什麼話對你的家人說嗎？」

「你去死吧，你這個偽君子、混蛋，你對我的裁決不公正！」囚犯狠狠地把法官罵了一通。法官非常生氣，對著囚犯非常粗魯地數落了十多分鐘。

囚犯等法官一說完，臉上立刻露出了笑容。這一次，他很平靜地對法官說：「法官先生，您是一個受人尊敬的大法官，受過高等教育，讀了很多書，可以說是一個高尚的人。可是，我只不過罵了您一句，您就如此失態；而我，一個文盲，小學沒畢業，大字不識一個，做著卑微的工作，因為別人調戲我老婆，我一時衝動，就殺死了對方，最終成了死刑犯。雖然我們的結果不一樣，但有一點卻是一樣的，那就是我們都是情緒的奴隸！」

情緒控制對每個人來說都是一個很大的挑戰，特別是對於從事業務工作的人員來說，更是如此。因為銷售業績、出公差、飲食沒有規律、客戶拒絕等原因，壓力巨大，難免會情緒失衡。而業務人員的情緒管理技能對於其業績提升影響重大，

所以學會控制自己的情緒就顯得尤為重要。

十幾年前,曾經就有這麼一個真實的事發生在我的身邊:

我一個朋友是做影片軟體業務工作的,在一次接觸中與合作的某家公司的採購部經理產生了一點誤會,所以,她就想請該經理一起用餐,順便化解誤會,恢復良好的關係。

第一次,我的朋友安排好用餐事宜,並於用餐前15分鐘就來到了約定的餐廳等候那位經理的到來。但是,那位經理在用餐時間過了半小時後才打電話給她,說臨時有一個重要的客人來訪,不能準時赴約了。這顯然是一個藉口。

不過,我的朋友在心裡早有準備,就安排了第二次用餐,選擇了一個更高級的餐廳,但那位經理還是找藉口沒能如期赴約。當我的朋友第三次約那位經理時,對方乾脆不予理會了。

一般的業務員遇到這種情況早就洩氣或氣急敗壞了,劉備請諸葛亮出山也不過三次,但是,我的那位朋友仍然誠心誠意地邀請採購部經理用餐,終於感動了對方,如期赴約,最後她們成為了非常好的朋友,談成了更多的合作。

在此,我們不妨建議每個業務員都把奧格‧曼狄諾寫的這段文字貼在書桌前,以此來提醒自己,學會控制自己每天的情緒。因為「一天過完,不會再來」。

潮起潮落,冬去春來,夏末秋至,日出日落,月圓月缺,雁來雁往,花開花謝,草長瓜熟,萬物都在循環往復的變化中。

第二章　先搞定自己──成為客戶首選的業務員

我也不例外,情緒會時好時壞。

今天我要學會控制情緒。

這是大自然的玩笑,很少有人窺破天機。

每天我醒來時,不再有舊日的心情。昨日的快樂變成今天的哀愁,今天的悲傷又轉為明日的喜悅。

我心中像一顆輪子不停地轉著,由樂而悲,由悲而喜,由喜而憂。這就好比花兒的變化,今天枯敗的花兒蘊藏著明天新生的種子,今天的悲傷也預示著明天的快樂。

今天我要學會控制情緒。

我怎樣才能控制情緒,使每天都卓有成效呢?除非我心平氣和,否則迎來的又將是失敗的一天。

花草樹木,隨著氣候的變化生長,但是我為自己創造天氣。

我要學會用自己的心靈彌補氣候的不足。如果我為顧客帶來風雨、憂鬱、黑暗和悲觀,那麼他們也會報之於風雨、憂鬱、黑暗和悲觀,而且他們什麼也不會買。

相反,如果我們為顧客獻上歡樂、喜悅、光明和笑聲,他們也會報之以歡樂、喜悅、光明和笑聲,我就能獲得銷售上的豐收,賺取滿倉的金幣。

今天我要學會控制情緒。

我怎樣才能控制情緒,讓每天充滿幸福和歡樂?我要學會這個千古祕訣:弱者任思緒控制行為,強者讓行為控制思緒。

每天醒來，當我被悲傷、自憐、失敗的情緒包圍時，我就這樣與之對抗：

沮喪時，我引吭高歌。

悲傷時，我開懷大笑。

病痛時，我加倍工作。

恐懼時，我勇往直前。

自卑時，我換上新裝。

不安時，我提高嗓音。

窮困潦倒時，我想像未來的富有。

力不從心時，我回想過去的成功。

自輕自賤時，我想想自己的目標。

總之，今天我要學會控制自己的情緒。

從今往後，我明白了，只有低能者才會江郎才盡，我並非低能者，我必須不斷對抗那些企圖摧垮我的力量。

失望與悲傷一眼就會被識破，而其他許多敵人是不易覺察的。它們往往面帶微笑，卻隨時可能將我們摧垮。對它們，我們永遠不能放鬆警惕。

縱情得意時，我要記得挨餓的日子。

揚揚得意時，我要想想競爭的對手。

沾沾自喜時，不要忘了那忍辱的時刻。

自以為是時，看看自己能否讓風止步。

第二章　先搞定自己—成為客戶首選的業務員

腰纏萬貫時，想想那些食不果腹的人。

驕傲自滿時，要想到自己怯懦的時候。

不可一世時，讓我抬頭，仰望群星。

今天我要學會控制情緒。

有了這項新本領，我更能體察別人的情緒變化。

我寬容怒氣沖沖的人，因為他尚未懂得控制自己的情緒，我可以忍受他的指責與辱罵，因為我知道明天他會改變，重新變得隨和。

我不再只憑一面之交來判斷一個人，也不再因一時的怨恨與人絕交，今天不肯花一分錢購買金篷馬車的人，明天也許會用全部家當換取樹苗。知道了這個祕密，我可以獲得極大的財富。

今天我要學會控制情緒。

我從此領悟了人類情緒變化的奧祕。對於自己千變萬化的個性，我不再聽之任之。我知道，只有積極主動地控制情緒，才能掌握自己的命運。控制自己的命運，就會成為世界上最偉大的業務員！

我要成為自己的主人。

我由此變得偉大。

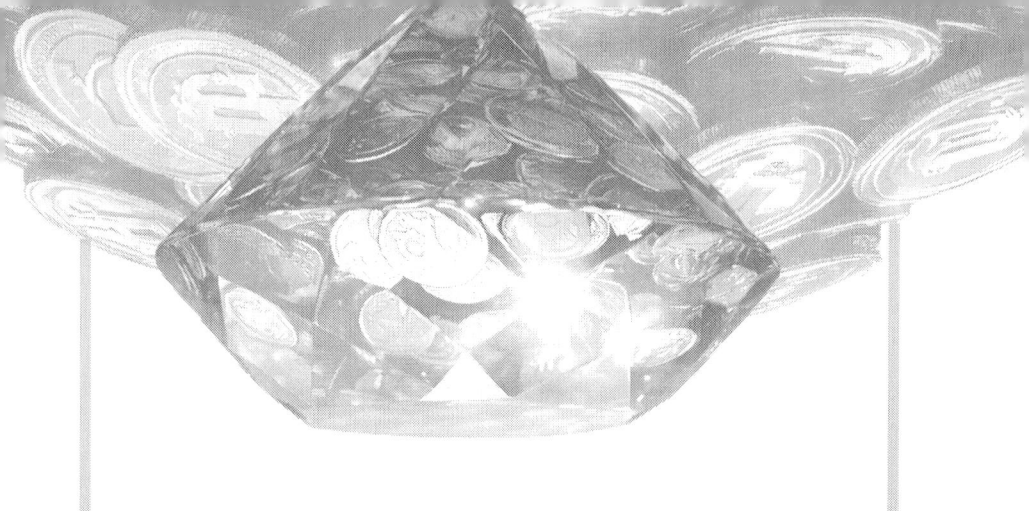

第三章
搞定客戶,要先剖析他們的內心世界
── 猜中客戶心思

第三章　搞定客戶，要先剖析他們的內心世界—猜中客戶心思

消費，不只是花錢

從心理學的角度來看待顧客的消費行為，我們能夠發現客戶購買商品或者服務的過程，其實質是希望透過商品或者服務來解決自己面臨的問題，以實現心理上的滿足。這有可能是透過商品的功能來實現，也有可能是透過消費過程本身來實現。一旦一個人面臨的問題被順利地解決，那麼相應地他就能在心理上獲得一種滿足感，並且產生愉悅的感受。

換言之，顧客的消費行為並非僅僅是為了擁有商品或者得到商品的使用功能，更重要的一個層面是，透過消費來獲取心理上的滿足與愉悅。一個好的業務人員需要站在客戶的立場上，為客戶找到解決問題的辦法，準確地分析其心理因素，使客戶在交易中受惠並且獲得心理上的滿足。相比商品本身，客戶的心理需求往往更能決定最終的結果。

在業務工作中，業務人員會遇到各式各樣的客戶。有些客戶比較容易溝通，有些卻很難相處，有些甚至會故意給業務人員出些難題。但人是一種有動機並且目的性非常強的動物，沒有人會無緣無故做出毫無目的的舉動，客戶的這些行為，在心理上都能夠找到相對應的需求與目的。

面對著形形色色的客戶，業務人員要能夠讀懂使用者的心理動機和消費目的。如果錯讀了使用者的心理特徵，帶來的不

僅是生意做不成的後果，有時候還會造成彼此的尷尬。

我的一位曾經從事服裝銷售的朋友講過這樣一段經歷。有一天，一個年輕的女孩到她的服飾店裡選購衣服。這個女孩經過一番挑選和比較之後，選中了一件款式時髦的外套，試穿在身上，效果也非常好，版型尺碼都剛剛好，彷彿那件衣服就是為她量身打造的一般。

這個年輕的女孩對自己的選擇也非常滿意。雖然那件衣服的價格不便宜，但女孩還是很爽快地決定買下這件衣服。在為女孩打包裝袋的時候，我的那位朋友一邊為衣服打包，一邊誇讚女孩的決定：「您真有眼光，這款衣服是我家店裡賣得最好的，這星期已經賣出去幾十件了……」

誰知道就在這句簡單的話之後，情況立刻發生了變化。這個女孩忽然改變了決定，然後說：「不好意思，我還是先不買了，我有點不太喜歡這件衣服了。」然後就轉身離開了，我的朋友被晾在那裡，好半天都沒弄明白是怎麼回事。

在這個案例中，這筆交易的失敗就是由於業務人員對顧客的心理特徵的錯誤判讀引起的。由於沒有意識到這位顧客追求個性化的心理需求，雖然說出的是誇讚的話語，卻成了無心之失，因為她所表達的含義和顧客原本的心理期望背道而馳，那麼結果必然是導致了這單生意的失敗。

這裡，我們所提出的策略主旨是按照客戶已有的心理動機進行引導，關注、重視並且利用顧客的心理特徵，而非改變他

第三章 搞定客戶，要先剖析他們的內心世界─猜中客戶心思

們固有的想法。因為相比於改變人們已有的心理特徵來說，因勢利導要容易得多。

對於比較主觀和自我的客戶，業務人員要做的事情是，讓他們在銷售中感覺到自己好像總是在牢牢掌控著局面，雖然有時候並不是真的如此。這一類型客戶的自我中心意識特別強，他們能夠很乾脆地做出決策，但是對於做出的決策往往也比較固執。對於這類客戶，不要嘗試去改變他，他需要被滿足的是駕馭的心理感受，那麼最好的方式就是讓他繼續保持這種操之在我的感覺。

那麼主觀意識不強，猶豫不決的客戶是否很容易就被改變呢？相比較主觀意識強的客戶，這類型客戶比較容易受其他人的暗示或者觀點的影響，具有搖擺不定的心理特徵。但是在銷售中有一點需要特別注意，通常這類客戶比較反感業務人員要求他們立刻做出選擇，因為這會讓他們有壓力，不符合其性格特徵。在必須馬上做出選擇的壓力下，他們通常最有可能採取的是所謂的「用腳投票」，也就是採用不置可否的放棄來作為選擇。

人們的每一種心理特徵都會在現實中投射出具體的行為方式。追求個性的客戶不喜歡中庸的商品，喜歡炫耀的客戶接受不了廉價的東西，具有唯美傾向的客戶通常會非常在意細節，穩重的客戶通常不願做出過於前衛的選擇。凡此種種，需要從事業務工作的朋友在實際工作中仔細揣摩。但無論哪種心理特

徵的人群，都希望能夠被重視、被尊重、被肯定，這是最根本的共性特徵。

人們喜歡與自己相似的人

在美國，許多侍應生發現，如果客人點餐時每說一句話，他們能立刻重複一遍，那客人就會給更多的小費。然而，也有不少的侍應生在客人點餐完畢後，要麼淡淡地應一句「好的」，要麼乾脆什麼都不說就走了。

顯然，與後面那些侍應生相比，客人更喜歡積極的、會重複訂單的侍應生。因為這樣不會讓他們擔心自己點的乳酪三明治，送來時卻變成了炸雞漢堡。

為了證實這一現象，一位教授曾做過實驗，發現事實的確如此。只要侍應生能逐句複述客人的點餐，就能收到更多小費。不用多加解釋，不用點頭示意，不用說「好的」，只要複述一遍，就能創造收入！

調查顯示，按上述方法複述客人點餐的侍應生，收到的小費比平時高出 70%。

為什麼模仿他人行為就能得到慷慨對待？也許這和我們潛意識裡喜歡和自己相似的人有關。

第三章　搞定客戶，要先剖析他們的內心世界—猜中客戶心思

心理學家發現，人們在下意識裡喜歡那些與自己相似的人。不管他們是在行為上、觀點上、興趣愛好上，還是生活方式上與我們相似，又或者僅僅是共處於同一個區域，這些都會使我們對他們心存好感。

這裡所說的相似性不是指客觀上的相似性，而是人們感知到的相似性。實際的相似性與感知到的相似性是有連繫的，而且前者往往決定後者，但兩者不是完全對應的。感知到的相似性包括信念、價值觀、態度和人格特質的相似性，外貌吸引力的相似性，年齡的相似性，以及社會地位的相似性等等。

許多研究都顯示，相似性與喜歡之間有直接連繫。受試者認為，人越是與自己相似，自己便越是喜歡這個人。在一個研究中，研究開始時那些在信念、價值觀和人格特質上相似的人，在研究結束時都成為了好朋友。所以，婚姻介紹所的工作往往以雙方的相似性作為參考依據。

但是，人們在早期交往中，信念、價值觀和人格特質的相似性往往顯示不出來，此時年齡、社會地位、外貌吸引力往往發揮著重要的作用。隨著交往的加深，信念、價值觀、人格特質等因素的作用便突顯出來，甚至超過其他因素。

心理學家對相似性原則有兩種解釋。

一種解釋認為，相似的人肯定了我們自己的信念，價值觀和人格特質。相似的信念、價值觀和人格特質，發揮正強化

人們喜歡與自己相似的人

作用,而不相似的信念、價值觀和人格特質則產生負強化的作用。這種正負強化作用透過條件反射過程與具有這些特點的人連繫起來,結果就造成了人們喜歡和自己相似的人,不喜歡和自己不相似的人。

另一種解釋則認為,相似性影響吸引是由於它提供了關於他人的資訊。人們通常重視自己的信念、價值觀和人格特質,所以對擁有同樣特點的人會產生好感。

不管心理學家做出什麼解釋,人們喜歡與自己相似的人這一點是毫無疑問的。得知這個原理後,我們要取得別人的好感就有捷徑可走了。我們只需要模仿他人的行為就能增進情感,並能鞏固當事雙方的關係。

在某個實驗中,研究者安排兩名人員做簡短的接觸。其中一人是研究助理,她要對另一人的行為依樣畫葫蘆。如果另一人雙臂交叉地坐著,還不時用腳輕敲地面,研究助理也要完全照做。同時,另一個實驗中,研究人員要求研究助理不必模仿對方的行為。

結果顯示,實驗對象更喜歡模仿自己行為的助理,並且認為與她的接觸很愉快。同樣,複述客人選單的侍應生,也是由於這個原則使得客人喜歡他,願意給他更多的小費。

行為模仿在其他場合也同樣有效。假設你在業務或客服部工作,不管客戶對你表達的是問題,還是投訴或訂單意願,你

第三章 搞定客戶，要先剖析他們的內心世界—猜中客戶心思

都可以透過複述他的話來增加認同感。

不過，有些客服人員並沒有意識到複述他人意思的重要性。他們沒有對打進投訴電話的顧客的話語進行複述，這就使顧客不明白客服人員是否準確無誤地了解了自己的意思。最後的結果很可能導致雙方為意圖的表達而進行爭論。要知道，打進投訴電話的顧客本來心情就不太好，有可能還非常生氣。如果你不想再火上澆油的話，最簡單的方法就是複述顧客的話，讓顧客明白你完全了解了他們的意思，並且會妥善地處理好。

模仿是最高形式的誇獎，人們喜歡那些與自己相似的人。不管他們是在行為上、觀點上、興趣愛好上，還是生活方式上與我們相似，又或者僅僅是共處於同一個區域，這些都會使我們對他們心存好感。

這就提醒各位業務員，在與客戶接觸時，只要有意識地多模仿對方的行為、語言、神態等，就可有效地增進彼此之間的情感，提高合作談判的成功率。

標價高得離譜？要的就是這效果！

1940年代，一種新式影印機在美國全錄公司誕生了。公司的創始人威爾遜獲得了生產該影印機的專利權。這種命名為「全錄91型」第一批新式影印機出廠時，成本僅為2,400美元，誰

標價高得離譜？要的就是這效果！

知威爾遜竟將售價定為 29,500 美元,超出成本 10 倍以上。

公司裡知情的員工們不禁倒吸了一口冷氣,大家禁不住問威爾遜:「你是想做暴發戶嗎?」

「那當然!只要不是傻瓜,誰都想當暴發戶呀!」

「我看你是想暴利想瘋了。否則,請你想想,這樣高的價格賣得出去嗎?賣不出去的東西還有什麼利潤可言?」

「放心吧,我正常得很,我的腦袋比誰都清醒。」面對一連串的質問,威爾遜一概回以神祕的微笑。

「那……」

「請允許我打斷你的話。聽我說,我不僅知道這樣高的價格可能會使影印機一臺也賣不出去,而且我還知道,這個定價已經超出了現行法律允許的範圍。等著瞧吧,我們的這項寶貝很可能被禁止出售。」

「那還得了!就算有跟你一樣的瘋子來買我們的寶貝,你又有什麼法寶可以獲得法律的許可呢?」

「什麼法寶也沒有。即使有,我也不用。我要的就是法律不允許出售,允許了也不賣。做到這兩點,鉅額利潤就能穩穩到手了。」

「什麼?不准賣,而且賣不出去我們反倒能獲得鉅額利潤?」

「是的,我本來就不準備出售影印機的機體,而是賣影印機的服務!從服務中取得利潤。」威爾遜胸有成竹地說。

095

第三章 搞定客戶,要先剖析他們的內心世界—猜中客戶心思

不出威爾遜所料,這種新型影印機果然因定價過高被禁止出售。但是由於在展覽期間已經向人們展示了它獨特的效能,這使得消費者莫不渴望使用這種奇特的機器。再加上威爾遜早已獲得了生產專利權,「只此一家,別無分店」。所以當威爾遜把這種新型影印機以出租服務的形式重新推出時,顧客頓時蜂擁而來。

儘管租金不低,但受到目前過高售價的潛意識影響,顧客仍然認為值得。沒過多久,威爾遜就賺取了鉅額利潤。

正所謂「物以稀為貴」,在人們的觀念中,難以得到的東西總是比容易得到的東西要好。人們總是覺得越稀少、越新奇的東西,也越有價值。威爾遜正是抓住了人們的這一心理,從而獲得了鉅額利潤。

其實不僅僅是在生意場上,在生活中的許多方面我們都可以利用人們「物以稀為貴」的這種心理。

布賴恩·阿赫恩的工作是負責應徵新的保險代理人。通常在招納賢才時,他們會發放一些簡介,讓人們能進一步了解公司。但是人們在看過資料後再聯絡阿赫恩的卻不多。

阿赫恩的公司不是在每個州都有業務,同時,公司每年只在業務開展區內應徵一定數量的人才。以前,阿赫恩從未想過要在介紹資料裡提到這些。當他知道了稀缺原則後,便開始把這些情況加在資料裡:

「我們公司每年只吸納為數不多的賢才。2006 年,在全國

28個地區,我們只計劃應徵42名代理,目前已招到了35人。希望在應徵結束前,剩下的空缺裡能有您的位置。」

阿赫恩這樣做後,應徵效果果然好了很多,有不少人前來諮詢具體情況。我們看到,阿赫恩沒有多花一分錢,也沒有舉辦什麼活動,也不需要改變應徵流程,唯一不同的是多了幾句大實話就增強了應徵的效果。

正所謂:「機會越少,價值就越高。」難以得到的東西通常都比容易得到的東西要好,也更能得到人們的珍惜。業務員就可巧妙地利用客戶的這一心理,搞定對方,進而拿到更多的訂單。

不求最好,但求最貴

相信很多朋友還記得馮小剛的電影《大腕》中那段後來被改編了無數版本的經典臺詞:

一定得選最好的黃金地段,僱法國設計師,建就得建最高檔次的公寓!電梯直接入戶,戶型最小也得四百平米(平方公尺),什麼寬帶(寬頻)呀,光纜呀,衛星呀能給他接的全給他接上。

樓上邊有花園兒,樓裡邊有游泳池,樓裡站一個英國管家,戴假髮,特紳士的那種,業主一進門兒,甭管有事沒事,都得跟人家說「May I help you, sir?」一口道地的英國倫敦腔兒,倍兒(超)有面子!

第三章　搞定客戶，要先剖析他們的內心世界—猜中客戶心思

社區裡再建一所貴族學校，教材用哈佛的，一年光學費就得幾萬美金；再建一所美國診所，二十四小時候診，就是一個字兒──貴，看感冒就得花個萬兒八千的！周圍的鄰居不是開寶馬（BMW）就是開奔馳（賓士），你要是開一日本車呀，都不好意思跟人家打招呼。你說這樣的公寓，一平米你得賣多少錢？

（我覺得怎麼著也得兩千美金吧！）

兩千美金那是成本，四千美金起，你別嫌貴還不打折，你得研究業主的購物心理，願意掏兩千美金買房的業主，根本不在乎再多掏兩千。什麼叫成功人士你知道嗎？成功人士就是買什麼東西，都買最貴的不買最好的！

這的確是一段經典臺詞，口吻戲謔，內容諷刺，能把觀眾逗得前俯後仰。細細品味一下，這段臺詞雖然表述極盡誇張，但其中所折射出的卻是現實生活的縮影和心理學定律在銷售中的趣味應用。

一種權威的象徵（高價格）與真正的權威（高品質）一樣，都能夠對人們產生影響力。

一名修理技師打算自己創業，他下了很大決心在市中心租了一間辦公室。不久他就發現，過去主動上門的顧客極少，但是現在的顧客增強了對他的信任，已開始提供大宗的訂單給他了。他說：「真怪，過去從來不是我顧客的那些人，開始跟我有了業務聯絡，而且一些陌生人也開始跟我聯絡並商定合約，就

好像過去我修不了他們的機器,而現在我的技術突然提高了一樣!」

事實證明,那些能夠象徵權威、身分、地位的外部標識,如華貴的衣服、好的辦公地點、制服等同樣能獲得人們的認可,使人們對其產生信任感。也就是說權威的象徵與真正的權威一樣,能夠對人們產生影響力。

我們再來看看下面這個例子:

有一名年輕醫生辭掉了大醫院主治醫師的職位,打算開一家自己的診所,當一名整形醫師。當他把所需要的辦公室圖紙交給房屋設計師時,設計師非常吃驚。因為這位年輕醫師竟然打算在接收第一個病人之前就花費那麼多的錢財。

然而這位醫生認為:「在整形外科手術這一行中,你必須為自己的病人創造一種你已經取得了成功,而且還會繼續長年從事這一行的氣氛。因為沒有哪個人會讓一個毫無經驗的醫生為他的女兒做鼻子整形手術。或許對於拔牙或者切除皮膚粉瘤這樣的小手術,人們不會過分關注醫生的經驗,但對於美容手術來說,他們會優先考慮一個醫術高明、經驗豐富的醫師。」

年輕的整形醫生最終搬進了他的新辦公室,並用傳統方式把他的辦公室裝飾起來,使人感到他已經從事醫美行業多年。他成功地樹立起了可靠的專業形象。當然,這位醫師也的確具有高超的技術和豐富的經驗。如果沒有內在的保證,再好的門面也只是門面。

第三章　搞定客戶，要先剖析他們的內心世界─猜中客戶心思

看到這，我想你應該知道怎麼塑造你的權威形象了。對新入行的推銷人員來說，他們可進行的最行之有效的投資之一，就是替自己買兩件值錢的衣服──一件是針狀條紋上衣，另一件是淺灰色的上衣，外加一件令人滿意的襯衫。記住，這幾件衣服的價格要超過一小衣櫥式樣、風格平平的二流服裝。如果預算吃緊，寧可買下這兩身衣服，在每週的工作中交替來穿，也不要去多買幾身廉價服裝。因為它們不利於建立你所希望的那種形象。

貼標籤戴帽子，搞定客戶So Easy！

當一個人對某個人或者某件事情產生了初步的判斷之後，他更傾向於把這樣的判斷堅持到底。即便他所堅持的判斷最後被證明是錯誤的也在所不惜，因為和寶貴的自尊心比較起來，沒有什麼比這更重要。

鑑於人們所擁有的一致性傾向，在與客戶打交道的過程中，首先為其「貼上」某一種屬性的標籤，讓其主動按照這種標籤屬性做出決定，也是一種很有效的心理戰術。往往，人們一旦落入這種心理惡性循環，就將無法自拔。羅伯特‧西奧迪尼先生在其所著的《影響力》一書中，曾提到過這樣一個具體的例子，雖然有點諷刺，但是很有代表性。

一天，西奧迪尼先生正在家裡，聽到有人按響了他家的門鈴。他打開門，看到一位非常漂亮的年輕女子站在門外，她穿著短褲和很裸露的背心，當然她手裡還拿著寫字板。她問西奧迪尼先生是否願意參加一項調查。

西奧迪尼先生想讓她留下一個好印象，就滿口答應了。當然，在這個過程中，西奧迪尼先生為了使自己的形象在她眼裡顯得更加美好，在和她談話的時候，不惜誇大了一些事實。

下面就是整個談話的內容：

漂亮女子：您好！我在就市民的娛樂習慣做一個調查，您能不能回答我幾個問題？

西奧迪尼：沒問題，請進！

漂亮女子：謝謝！我坐這裡吧。請問您每星期出去吃幾次飯？

西奧迪尼：大概三次吧，也許是四次。實際上我想出去吃的時候就出去吃，我喜歡好的餐廳。

漂亮女子：這樣真好。那您用餐的時候會點酒喝嗎？

西奧迪尼：如果有進口酒的話我會要的。

漂亮女子：我知道了。那麼電影呢？您經常去看電影嗎？

西奧迪尼：我對好電影可是百看不厭的。我特別喜歡那類在銀幕下方打著字幕、很精緻、很深奧的電影。妳呢？妳喜歡看電影嗎？

第三章　搞定客戶，要先剖析他們的內心世界—猜中客戶心思

漂亮女子：嗯……我也喜歡。還是讓我們繼續我們的調查吧。您經常聽音樂會嗎？

西奧迪尼：當然！大部分的時候我聽的是交響樂，但我也喜歡品味高的流行樂。

漂亮女子（飛快地做著紀錄）：太好了！最後一個問題。您喜歡那些巡迴演出的劇團或芭蕾舞團嗎？當他們來我們這裡表演時，您會去看嗎？

西奧迪尼：噢，芭蕾舞──那麼流暢的動作，那麼優雅的姿態──我太熱愛芭蕾舞了。您可以寫下我熱愛芭蕾舞，只要有機會我一定會去看的。

漂亮女子：好，讓我再查一查我的紀錄，西奧迪尼先生。

西奧迪尼：實際上是西奧迪尼博士，但這樣顯得太正式，妳就叫我鮑勃好了。

漂亮女子：好的，鮑勃。根據您提供的資訊，我可以很高興地告訴您，如果您加入「美國俱樂部」，每年可以為您節省1,200美元。只要交一點會員費，您就可以在剛才提到的大部分活動中得到優惠。像您這樣有這麼活躍的社交生活的人一定不想錯過這麼好的機會。

西奧迪尼（像一隻落入陷阱的老鼠）：我……我想大概是吧。這就是人們在保持一致性的傾向下造成的困境。

拒絕推銷人員的提議就意味著自己剛才在撒謊，其實自己並不是剛才所描述的那種人，又或者自己就是剛才所描述的那

種情形,但是卻傻到不想去節省 1,200 美元的開支。無論是哪一種,這兩種結論都是令人十分難堪的尷尬。

最終的結果,就是明知道自己已經落入了心理學的圈套,卻還是會付錢買下那並不令人開心的一整套娛樂優惠計畫。

事實上,工作和生活中都能用到這一技巧。比如:你向某人下達了一項工作任務,但他擔心自己不能勝任。這時,告訴他,你對他很放心,因為他是個優秀的員工,前幾次類似的任務他都完成得很出色。這些話將會幫助他重拾信心。

老師、父母也可以用相同的方法引導孩子。孩子一定會不負眾望的。我們發現,當老師表示喜歡想把字練好的學生時,學生們就會花更多的時間來練字,儘管他們知道不會有老師在周圍看。

公開替他人貼個「標籤」,戴個「帽子」,表明他具有的個性、態度、信仰或其他特點,然後再提出符合該標籤特點的要求。為了不擔虛名,他通常會同意你的要求。但請注意,這種方法如果用得不好會有背光面,跟其他技巧一樣,它必須被誠實地使用。也就是說,所貼標籤必須符合事實。

以多數人的意見為準則

一件事情,首先不論好壞,只要有人敢做,其他人便蜂擁

第三章　搞定客戶，要先剖析他們的內心世界—猜中客戶心思

而至。「一人膽小如鼠，二人氣壯如牛，三人膽大包天」，反正人多，誰怕誰？

假如你是十字路口上的一位行人，紅燈亮了，然而路面上並沒有行駛的車輛。這時候，有一人不顧紅燈的警告穿越馬路，接著兩人、三人……人們蜂擁而過，置身其中的你會怎麼做呢？倘若你還留在原地，不但別人會說你傻，恐怕連你自己也會這樣認為了。

盲目從眾是指人們自覺不自覺地以多數人的意見為準則，形成印象、做出判斷的心理變化過程，以及在資訊接受中，所採取的與大多數人相一致的心理和行為的對策傾向。從眾行為既包括思想上的從眾，又包括行動上的從眾。

社會心理學家發現，持某種意見的人數是影響從眾行為的最重要因素，人多本身就是具有說服力的一個明證。

對不確定、不熟悉的事情，人們總是喜歡參考大眾的意見。比如某個演講活動，來報名的人看到這麼多的人報了名，心想大家都報名了，應該不會錯，自己再不趕緊報，說不定就沒名額了。

參考周圍人的做法來決定自己的行為，認為大多數人採取的行為才是正確的行為，這並不是完全沒有道理的。通常情況下，多數人都去做的事情往往是正確的事情。周圍人的做法對我們具有很重要的指導作用，可以使我們少走彎路，少犯錯誤。

但是，凡事有利就有弊。跟隨大多數人的做法，這為我們

的行為提供了指導，可是有時候也容易使我們被它誤導。一條傳聞經過報紙就會成為公認的事實，一個觀點藉助電視就能變成民意。遊行示威、大選造勢等政治權術無不是在藉助從眾效應。

客戶在做決策的時候，客觀上需要有一種理由來獲取安全感，而多個人的選擇常常能有效地消除心理顧慮，讓其覺得有安全感，從而有希望快速地促成決策。

產品夠專業，客戶才買帳

經濟學中有一個名詞，叫做「產品替代性」，指的是兩種不同的商品或者勞務在使用價值上可以互相替代來滿足人們的某種需求。某一種商品在銷售過程中，如果在相似的價位條件下，有著眾多的替代性商品可供消費者選擇，那麼這種商品將注定無法取得超額利潤。

消費者一旦有了眾多的替代性選擇，對某商品的追逐興趣將隨之遞減。在這種情況下，商品也就失去了稀缺性這一特徵。如果想要在銷售中讓稀缺效應發揮作用，就要求業務員必須不斷地為自己的產品或者服務找出不可替代的理由。

美國有一位叫米爾頓・雷諾茲（Milton Reynolds）的企業家，就曾經依靠為產品賦予不可替代的屬性而取得了巨大的商業成功。

第三章　搞定客戶，要先剖析他們的內心世界—猜中客戶心思

一次，雷諾茲發現一家製造鉛字印刷機的工廠破產待售。這種印刷機的功能之一是它能夠滿足百貨公司印刷展銷海報的需求。雷諾茲看準了這個點，立即借錢買下工廠。

市面上印刷機很多，如何使自己的印刷機具備不可替代的特性呢？雷諾茲決定把機器重新定名為「海報印刷機」，而且專門向有著這種特定需求的百貨公司推銷。原來的印刷機，每部售價不過595美元，在更換了產品定位之後，雷諾茲把海報印刷機的價格一下子提高到2,745美元。

雷諾茲認定，百貨公司都在大力推銷產品，「海報印刷機」的獨特定位正好能夠滿足他們的特殊需求。正是由於這獨特的定位，顯得特別專業，「海報印刷機」成了市場的稀缺貨，雖然定價很高，但是仍然容易銷售。

果然，「海報印刷機」銷路頗好，雷諾茲大賺了一筆。但他並沒有就此滿足，而是時刻尋找新的生意機會。

1945年6月，雷諾茲到阿根廷商談生意時，發現了目標，這就是今天的原子筆。雷諾茲看準了原子筆具有廣闊的市場前景，立即趕回國內，與人合作，晝夜不停地研究，只用了一個多月便拿出了自己的改進產品，搶在了對手的前面。他利用當時人們「原子熱」的情緒，取名為「原子筆」。同時雷諾茲賦予了這枝筆很多不可替代的特性：原子時代的奇妙筆，既可以在水中寫字，也可以在高海拔地區寫字。

之後，雷諾茲拿著僅有的一枝樣品筆來到紐約的金貝爾百貨公司，向公司主管們展示這種神奇的原子筆。這些都是雷諾

茲根據原子筆的特性和美國人追求新奇的性格，精心制定的促銷策略。果然，公司主管對此深感興趣，一下子訂購了 2,500 支，並同意採用雷諾茲的促銷口號作為廣告。

當時，這種原子筆生產成本僅 0.8 美元，但雷諾茲卻果斷地將售價抬高到 12.5 美元，因為他認為只有這個價格才配得上「原子筆」的名稱。

1945 年 10 月 29 日，金貝爾百貨公司首次銷售雷諾茲牌原子筆——原子筆，竟然出現了 5,000 多人爭購「奇妙筆」的壯觀場面。大量訂單像雪片一樣飛向雷諾茲的公司。短短半年時間，雷諾茲生產原子筆所投入的 26,000 美元資本，竟然獲得了 1,558,608 美元的稅後利潤。

雖然後來紛紛有競爭對手擠入這個市場，打破了原子筆不可替代的競爭格局，但是等到其他對手殺價競爭時，雷諾茲早已賺足了大錢。

從上面的故事我們可以看出，有時候，不可替代性的特徵只是人們賦予商品的一個概念而已。這種賦予產品概念的做法，往往能收到最為實惠的成效。這種策略在各類銷售中屢見不鮮。

房地產公司在這方面做的宣傳推廣，堪稱出類拔萃。一般房地產公司在推出一個房地產時，會竭力找出專案所處地段的優勢所在。因為房屋誰都能建，但是地段卻是相對稀缺的，只要對地段優勢賦予概念，加以昇華，那麼不可替代性自然也就顯現出來了。

第三章　搞定客戶，要先剖析他們的內心世界—猜中客戶心思

網路上歸納出房地產宣傳的一些常用廣告詞：

- 地段偏遠 —— 遠離鬧市喧囂，盡享靜謐人生。
- 郊區鄉鎮 —— 回歸自然，享受田園風光。
- 緊鄰鬧市 —— 坐擁城市繁華。
- 貼著水溝 —— 絕版水岸名邸，上風上水。
- 挖個水坑 —— 東方威尼斯，演繹浪漫風情。
- 地勢比較高 —— 視野開闊，俯瞰全城。
- 地勢比較低 —— 私屬領地，冬暖夏涼。
- 樓頂是圓的 —— 巴洛克風格。
- 樓頂是尖的 —— 哥德式風格。
- 戶型不實用 —— 個性化戶型設計。
- 樓間距很小 —— 鄰里親近，和諧溫馨。
- 邊上是荒草地 —— 超大綠化，滿眼綠意。
- 邊上有學校 —— 濃厚人文學術氛圍。
- 邊上有銀行 —— 緊鄰中央商務區。
- 邊上有醫院診所 —— 擁抱健康，安享愜意。
- 邊上有超市賣場 —— 便利生活，觸手可及。
- 邊上有行政機關 —— 中心政務區，核心地標。
- 邊上有垃圾處理站 —— 人性化環境管理。

- 邊上有鐵路經過 —— 交通便利，四通八達。
- 邊上什麼也沒有 —— 簡約生活，閒適安逸。

想必，這些宣傳廣告語讀者朋友都不陌生，雖然有一半是戲謔的成分，但是也反映出了房地產公司在市場行銷方面，賦予自家商品獨特性的技巧所在。凡事都有兩面性，用兩分法去品評一件商品的話，如果有不利的一面，就必然有其有利的一面，關鍵在於如何選取觀察的角度和表達的方式，在銷售中找出商品獨特的優點不會太得困難。

考究的杯子讓咖啡更值錢？

通常當我們直接去問某個人是否會因為自己大腦中儲存的某個過去的資訊而改變對事物現有價值的評估時，幾乎沒有人願意承認自己會如此容易被慣性思維所愚弄。但心理學實驗和現實中的案例都證明了確有其事。人們對商品的估價不僅會受到直接的價格資訊的影響，還會受到其他因素的影響。

麻省理工大學曾經在工商管理系的碩士研究生中進行過這樣的實驗，實驗人員讓參與實驗的受試者首先在調查問卷上寫下自己的社會保險號碼的後兩位。然後讓他們對問卷中的幾樣商品進行估價，被估價的商品包括：無線鍵盤，設計方面的圖書，巧克力和兩種葡萄酒。

第三章　搞定客戶，要先剖析他們的內心世界—猜中客戶心思

在大家完成實驗問卷之後，實驗人員根據保險號的數字大小，將問卷分成了五組，分別是 00～19、20～39、40～59、60～79、80～99，然後對每一組問卷的商品估價進行平均計算。結果非常驚人，隨著社會保險號碼的增大，不同數據組的估價呈現出非常規律性的升序特徵，而且所有被測試商品的估價均表現出了這一特徵，無一例外。

除了數字之外，其他屬性資訊是否也會對人們的估價產生同樣的影響呢？心理學家曾經為此做過專門的實驗。

實驗人員在一家咖啡廳裡提供一種新的咖啡供顧客免費品嘗，然後請求顧客在品嘗之後，給出這種新咖啡的建議價格。對於第一批被測試的顧客，他們用紙杯來盛放供免費品嘗的咖啡。對於第二批顧客，他們則將咖啡盛放在非常考究的陶瓷咖啡杯中，並配以專門的托盤。

統計結果顯示，對於完全相同的咖啡，品嘗陶瓷咖啡杯中的那一組顧客，平均出價金額要遠高出紙杯那一組。也就是說，杯子成了影響顧客出價的重要因素，更為精美的杯子讓受試者產生了高品質的第一印象，而人們願意為良好的第一印象出更高的價格。

人們對商品價值的評估總是會受到各種「定錨」的影響，這些定錨，既可以是商品的初次價格，也可以是其他方面的屬性資訊。這一點除了在實驗中可以去驗證理論之外，在現實業務

考究的杯子讓咖啡更值錢？

工作中更有著廣泛的實際應用意義。

在人們的頭腦中，通常會有一些過去的印記，這些印記是在生活過程中逐漸接受和形成的。如何讓你的商品在給客戶留下第一印象時就能與其心中某些固有的結論相吻合，是銷售中的一個很實用的技巧。

有一天，我到市中心採購，經過一家朋友開的眼鏡行，便順便進去拜訪他一下。碰巧他的店裡正有顧客在挑選鏡片。

朋友拿出了幾種樣品，向顧客推銷，首先是介紹幾種鏡片的屬性差別，分別是：國產鍍膜樹脂鏡片、進口鍍膜樹脂鏡片、進口加硬鍍膜樹脂鏡片，相對應的價格也依次貴幾百元。

最後，顧客在品質和價格的折中之下，既沒有選擇最貴的，也沒有選擇最便宜的，而是選擇了 CP 值不錯的進口鍍膜樹脂鏡片。接著，就是銷售中司空見慣的討價還價過程了，此時看看朋友，居然不慌不忙，胸有成竹地坐等殺價。結果經過一兩輪簡單的例行回合，雙方很快就找到了都能接受的適中價格，一筆生意就這樣敲定了。

在顧客走後，我向朋友請教這麼快達成一致價格的訣竅，他笑笑，回答說，大部分顧客都是很講道理的，很少有人會把進口商品的價格出到低於同類國產商品的價格，所以殺價幅度都不會太大。

至此，真的要對他的生意經大為讚嘆一下了，原來在應用價格比對的過程中，朋友還把進口與國產這個屬性資訊提前置

第三章　搞定客戶，要先剖析他們的內心世界—猜中客戶心思

入了顧客的心裡，並且巧妙地利用了進口商品要優於國產商品這樣一個被多數人認為是理所當然的結論。

談錢談感情都行，重要的是客戶喜歡什麼

在日常生活中，或者在網路上瀏覽時，我們經常能聽到或者看到這兩句話：一是「談錢傷感情」，二是「不要和我談感情，談錢就足夠了」。大多數時候人們都是把這兩句話作為玩笑或者小幽默說出來的，但這兩句半開玩笑的話卻反映出了人們的兩種基本價值判斷。

事實上，任何一個人都同時生活在兩個不同價值體系的世界當中，其中一個世界由社會規範所構成，在這個世界裡人類為了心理和情感的共同需求，在彼此交往過程中形成了一套相習成風、約定俗成的不以價值判斷為準則的處世規範。

社會規範的本質是對人與人之間的社會關係的一種反映，也是社會關係的具體化。在社會規範的判斷中，人們往往不直接以可量化的金錢進行衡量，對其他人提供的幫助也並不要求即時報酬。人們在這套規範的評價體系中以獲取情感方面的愉悅為主要目的。在社會規範裡，人們遵循的是「談錢傷感情」這一基本前提。

但是，社會規範並不是人們處世原則的全部，人們的生活

中還有另外一個世界，而這個世界是由市場規範所主導的。在這個世界裡，人們所遵循的規則是成本、價格、利息及利潤。

在市場規範下，不存在任何人情的因素，人與人之間的接觸交往是有套利公式可以參照的，人們總是能夠做到帳目清晰。人們此時做出各種判斷和決策的依據是利益與報酬。從這個角度看，在這個世界中「不要談感情，談錢就足夠了」這句話確實有其合理性和正確性。

假設人們只遵循某一套價值體系來生活和交往的話，那麼生活就會變得簡單許多。如果完全按照社會規範的準繩，人們能夠無償得到自己的生活所需，那麼人們就提前進入了理想的大同世界。或者人們完全按照市場規範的規則，每個人都按照成本收益法則來做出判斷和決策，整個社會的執行都會像經濟學家所計算與預測的那樣呈現出明顯的規律性，並表現得井然有序。

但現實的複雜性就在於，這兩種規範總是會交織在一起，這通常會使生活變得很複雜。尤其是在商業交往的過程中，每個參與其中的人都會在不同的場合選擇使用不同的價值判斷標準，而且這種不同價值標準的適用性選擇是依據個體差異展現其差異性的，通常不會表現出絕對的統一性。

正是這種微妙的價值規範差異，使得業務工作變得極有挑戰性，又極富趣味性。想要成為一個優秀的業務人員，首先要

第三章　搞定客戶，要先剖析他們的內心世界—猜中客戶心思

做到的就是，在銷售過程中針對不同的客戶心理，選用不同的價值規範標準去應對。如果對於彼此所採用的價值評判體系都沒弄清楚，那麼無論什麼樣的心理戰術，無論多高明的心理暗示，都會成為南轅北轍、緣木求魚的昏招。

作為一名業務員，在與客戶互動的過程中，比較理想的首選方式是依照社會規範進行溝通和交往。因為相對於市場規範，社會規範往往能夠淡化銷售的交易本質。

在這種價值規範下，人與人之間比較容易建立起信任。在銷售中經常被採用的方式是迅速找到業務人員與客戶之間的共同點，利用彼此的共同點作為溝通互動的切入。這樣的方式能夠在短時間內拉近彼此的距離，使人們建立起社會性的關係，從而樂意適用社會規範進行後續的交往。

有了這樣的溝通基礎之後，業務員對客戶提出的產品介紹、購買建議或者利用客戶心理所進行的心理暗示，才不會招致客戶的反感與懷疑。但是適用社會規範也有一個很大的問題，一旦客戶對商品的後續使用情況或者售後服務不滿意的話，往往不會像從一開始就採用市場規範的人那樣，採用很理性的眼光去看待和處理，他們的心中會有一種被欺騙與愚弄的感覺，進而不把商品與服務的瑕疵看作是商業的一部分，而會將其當成個人恩怨一般來對待。

事實上，雖然任何一家公司都在努力避免商品與服務的瑕

疵，但從沒有誰可以做到百分之百消除。面對憤怒的客戶情緒，如果在銷售中一直都採用的是社會規範，那麼往往在售後與客服環節處理起來會比較棘手。

在銷售中，採用社會規範也並非總是行之有效的。有些客戶從一踏入商家的大門開始，就已經進入了全身戒備的狀態。他們對於業務人員的任何介紹與建議，都保有極高的警惕性，對於這類戒備心理極強的客戶，不妨直接採用市場規範來與其打交道。

這類型的客戶，通常在心裡有一個假設前提，他們往往認為消費的過程就是一個利益置換的過程，彼此所要追求和實現的都是利益最大化，因此他們往往對於市場規範下的照規則辦事更容易接受。

在實際業務工作中，還有一點要提醒業務人員注意，就是不要對同一個客戶交替採用不同的價值規範，一會兒對客戶「親如一家人」，一會兒又要「親兄弟明算帳」，這種貌似魚與熊掌兼得的做法，往往最容易招致客戶的心理反感。

第三章　搞定客戶，要先剖析他們的內心世界─猜中客戶心思

第四章
銷售心理戰
──打贏攻心戰,訂單自然落袋

第四章 銷售心理戰—打贏攻心戰，訂單自然落袋

廣告戰術：熟悉的就是好的

人們在決定購買某一商品時，會受到一種潛意識的影響。某種商品資訊刺激的次數越多、越強烈，人們潛意識中該商品的烙印也就越深刻，對商品的購買和消費也會成為一種無意識行為。事實上，人們總是習慣於消費自己熟悉的商品。

因此，對商家來說，反覆的宣傳在顧客心中造成強烈的印象是至關重要的。著名的可口可樂公司正是利用了顧客的這一消費心理，以鋪天蓋地的廣告大戰，奠定了可口可樂在世界飲料業的至尊地位。

1930年代，可口可樂公司面臨嚴重的財政危機。為了擺脫劣勢，公司董事們決定聘用以推銷卡車而在亞特蘭大聞名遐邇的羅伯特‧伍德魯夫擔任經理一職。從此，伍德魯夫經營可口可樂公司長達半個世紀之久，取得了傲人的業績。他把推銷與宣傳融於一體，在國際市場上為可口可樂開闢了一個嶄新的天地。

伍德魯夫在跟一個朋友閒談時，朋友問起他可口可樂成功的祕密，他說：「可口可樂99.69％是碳酸、糖漿和水，只有靠廣告宣傳才能讓大家都接受！」

基於這一思想，伍德魯夫自接任總經理後極為重視廣告，報刊、電視廣播、宣傳材料等能用來做廣告的媒體，無不盡量使用。即便是在他個人的宴會，他也從不放過為可口可樂做廣告的機會，可謂是用心良苦。

廣告戰術：熟悉的就是好的

伍德魯夫鋪天蓋地式的廣告宣傳戰術，在二戰期間發揮了很大的作用。經過一系列的活動，可口可樂在美軍中深受歡迎，有人將其稱為「可口可樂上校」、「生命之水」，甚至認為可以沒有一切，但不能沒有可口可樂。

二戰期間，從太平洋東岸到中歐的易北河邊，美軍沿途一共喝掉了100多億瓶可口可樂。這樣，可口可樂像蒲公英的種子似的隨軍飛到了歐洲許多國家，在某種程度上形成了廣告宣傳的作用。事實上，沒過兩年，可口可樂便在英、義、法、瑞士、荷蘭、奧地利等國家暢銷起來。

二戰末期，可口可樂的月銷售量已達到50多億瓶，僅可口可樂裝瓶廠就增加到了64家。今天，從南極到北極，從最發達的國家到最不發達的國家，可口可樂無處不在；從家庭主婦到商界強人，從白髮老人至3歲孩童，可口可樂無人不曉。

這正是伍德魯夫的行銷高招留給世界的奇蹟。目前，可口可樂在世界上140多個國家和地區暢銷，以每天銷售3億罐的絕對紀錄享譽全世界，成為了名副其實的「世界第一飲料」。

可口可樂的案例很好地說明了熟悉的就是好的，熟悉就有機會導致喜愛。與此相似的是心理學上的「鄰近性原則」。它說的是在其他條件相當時，人們傾向於喜歡鄰近的人。研究也顯示，隨機被安排在同一宿舍或鄰近座位上的人更容易成為朋友。在同一棟樓內，居住得最近的人最容易建立友誼。鄰近性與交往頻率有關，鄰近的人常常見面，容易產生吸引。

第四章　銷售心理戰—打贏攻心戰，訂單自然落袋

人們總是習慣於消費自己熟悉的商品，所以對於想要引起人們購買的商品廠商而言，透過反覆的宣傳來使自己的產品先被顧客熟知，進而達到喜愛是至關重要的。

損失厭惡：用免費的東西賺更多的錢

消費者對於免費的物品或服務的追捧與熱衷，對於業務員來說，絕對是最好的訊息，因為天下從來就沒有免費的午餐、免費的體驗，絕大多數時候正是通往消費的開端。

在我們對免費策略進行詳細的探討之前，首先讓我們看看在我們的生活和工作中曾經遇到過哪些免費商品或者服務：

- 辦公室樓下經常免費發放的洗髮精試用包；
- 超市裡供顧客免費品嘗的切片火腿；
- 會展中心提供給參觀者的免費手提袋；
- 印有某企業 logo 的新年桌曆或促銷 T 恤；
- 基金公司的免費理財講座；
- 手機儲值業務免費體驗三天……

所有以上這些，是不是就像一部電影的名字——看起來很美？如果仔細想想，也許你會吃驚地發現，其實人們已經被大大小小商家推出的令人目不暇接的免費試用給包圍了。免費是

損失厭惡：用免費的東西賺更多的錢

如此頻繁，可是即便如此，每一次面對免費，大多數人還是會義無反顧並且興味盎然地參與進去，生怕錯過些什麼。對於免費的東西，人們總是有著無窮無盡的興趣。

我們來分析一下消費者為什麼對免費的東西有如此大的熱情。這是因為人有一項共性的特徵——損失厭惡，也就是說，人們具有畏懼損失的本能。一般情況下，只要人們進行了買賣活動，作為購買者的一方要付出相應的金錢，相對應地，他就要承擔因買到的東西達不到期望而產生的損失風險。

人們的心理總是傾向於盡可能讓這種損失風險降到最低甚至消失。而免費的物品和服務正好消除了人們的後顧之憂，契合了人們避免損失的心理，但恰恰就是人們偏愛免費的特徵，經常會引起人們巨大的情緒波動，從而誘使人們做出非理性的購買選擇。

其實免費的東西本身是不會讓消費者產生購買行為的，因為它是免費的，不需要消費者支出成本。但是由於免費的贈品能夠引起人們的熱情與非理性，所以在現實的銷售中很多商家經常會把免費獲得的商品與另外的某項商品或者服務連繫起來，藉免費的物品引導消費者完成其他購買決策或者進行品牌宣傳。

正像那句著名的諺語說的「天下沒有免費的午餐」，這些林林總總的免費舉措，其目的都是促進銷售。所以說免費不是問題，如何把免費與銷售目的緊密地連繫在一起才是個大問題。

第四章　銷售心理戰─打贏攻心戰，訂單自然落袋

在現實銷售過程中，業務員只要能夠理解人們熱衷免費的心理根源並利用巧妙的附條件交易組合，就會大大促進實際銷售的效果。

漢斯經營著一家罐頭食品公司。為了擴大公司的聲譽，有一年他帶著公司的產品參加了美國芝加哥市舉行的全國博覽會。誰知他的產品被安排在了展廳中一個最偏僻的閣樓裡。本來是想提高自己公司的知名度，但是大會主辦方這種安排顯然難以達到目的。於是，他找到大會主辦人要求調換一下位置。

主辦人說：「你看，這些都是大公司的名牌產品，我們只能把它們放到這些最合適的位置。漢斯先生，你的產品展示位置也是最適合的。」漢斯一看，在顯要位置擺放的全是數一數二的知名產品，自己的產品雖然也不錯，但是相比之下名氣小多了。但花錢來參加博覽會，總不能一無所獲、空手而歸吧？

博覽會開始後，參觀的人絡繹不絕。一天過去了，但很少有人光顧漢斯的櫃檯。眼看剩餘的展覽時間不多了，漢斯十分著急，晚上躺在床上苦苦思索。第二天，他終於想出了一個巧妙的辦法，他離開櫃檯出去了整整一天。

第三天，會場的地面上突然出現了許多小銅牌，銅牌的背面還刻著一行字：「誰拾到這塊小銅牌都可以到展廳閣樓上的漢斯食品公司陳列處免費換取一件紀念品。」於是撿到銅牌的人紛紛擁到漢斯的閣樓上，本來無人光顧的小閣樓被擠得水洩不通。

漢斯不僅達到了提升知名度的目的，而且光是這次展會上

損失厭惡：用免費的東西賺更多的錢

的訂單與現場銷售，就為他帶來了55萬美元的利潤。

也許有朋友會提出下面這樣的疑問：不少商家推出的活動只是免費體驗，並沒有要求人們在獲得免費商品的同時購買其他東西，這樣的免費策略對銷售會有價值和幫助嗎？

答案是肯定的。

有一家叫惠勒的公司，他們就很好地將免費的策略應用於了銷售活動中。這家公司銷售上萬種與日常生活中吃穿用相關的商品，生意火爆，每天光顧的顧客非常多。它所採用的主要促銷手段就是免費試吃、試穿、試用，而且不強制顧客購買。

惠勒公司為顧客提供了大量免費體驗機會，顧客不僅可以對店內的商品進行試吃、試穿的體驗，而且顧客付款後只要取一張取貨單，就可以馬上在商店門口取到包好的商品，指定範圍內的顧客還能得到免費送貨上門的服務。

這樣做的好處顯而易見，因為所有試吃、試用都是免費提供的。顧客會因此更有熱情去嘗試和挑選，一位女士在商店免費試穿了十幾件衣服之後，終於找到了符合她自己身材的兩件外套。而另一位太太要幫她的家人買一些食品，但是她的家人不喜歡奶油和花生的味道，在其他商店的賣場她只能根據食品的配料表來選購食品，而現在，她在試吃了幾十種口味的食品之後，很容易地就選擇出了自己想要的那幾種。

惠勒公司因其獨特的經營方式，名聲廣為傳揚，無形中產

第四章　銷售心理戰—打贏攻心戰，訂單自然落袋

生了廣告效應。該公司的總經理說：「本公司不做巨型廣告，把這筆錢省下來讓顧客免費試吃、試穿，它的效果比大型廣告更有號召力。」

有人可能會擔心，如果顧客只是試吃卻不購買，那麼商場豈不是要賠本關門了？如果現實真是如此的話，那麼關門倒閉是毫無疑問的，但現實卻是顧客用光顧與實際購買對這樣的消費體驗給出了積極肯定的評價，而惠勒公司也取得了滿意的銷售效果。

這是因為顧客在進行免費體驗的同時，有一個心理因素會悄悄地發生作用，即人們所固有的自尊心，存心去單方面享受免費試用，而沒有打算做出任何購買行動的做法，是被主流的社會道德規範所唾棄的行為。出於維護自尊的需求，不會有太多人願意去從事這種有悖於道德規範的舉動。正所謂：「吃人嘴短，拿人手軟。」天下沒有免費的午餐。

另外，把銷售這項活動放在更長的時間週期內去看待，有些由免費體驗帶來的消費將會發生在一段時間之後。如果把銷售看成是一個不可割裂的系統工程，那麼有些銷售策略則是多種心理戰術的組合應用，將免費策略與其他心理學定律結合在一起，往往會帶來更好的銷售效果。

例如：很多商家非常關心大學生這個未來的潛在消費族群，他們花大把力氣在大學推廣校園免費體驗活動，就是很好的例

證。在學生群體中去做這樣的促銷活動，並不能讓業務員馬上獲得很好的經濟回報，因為大多數學生的消費能力是相對有限的，但是這樣的免費體驗對於企業的銷售策略來說，仍然具有重大的意義。企業對於銷售所付出的這部分努力，將會在潛在的消費族群走出校園之後得到相應的回報。

免費策略激起人們的興趣與熱情，從而讓更多的受眾群體參與其中。即便它不會立刻產生購買行為，但是至少讓這些潛在客戶認識品牌，熟悉產品和服務的特徵，這些都將成為其未來在進行該類產品消費時的決策參照。

同時，在這樣的免費促銷過程中，作為銷售的一方很容易就能採集到潛在消費族群與消費相關的諸多商業資訊，而這些消費資訊對整個銷售而言有著很大的情報價值，對改進產品服務、制定整體銷售策略帶來很大的幫助。這些都是無法立刻兌現的免費促銷策略為商家和企業帶來的價值。

巧用人性：最會做生意的猶太人

沒錢的猶太人斐迪南在星期五傍晚抵達了一座小鎮。他沒錢吃飯，更住不起旅館，只好到猶太教會堂找執事，請他介紹一個在安息日能提供食宿的家庭。

執事打開記事本，查了一下，對他說：「這個星期五，經過

第四章　銷售心理戰—打贏攻心戰，訂單自然落袋

本鎮的窮人特別多，幾乎每家都安排了客人，唯有開金銀珠寶店的西梅爾家例外。只是他一向不肯收留客人。」

「他會接納我的。」斐迪南十分自信地說，然後來到西梅爾家門前。等西梅爾一開門，斐迪南就神祕兮兮地把他拉到一旁，從大衣口袋裡取出一塊磚頭大小的沉甸甸的小包，小聲說：「磚頭大小的黃金能賣多少錢呢？」

西梅爾眼睛一亮，可是，今天是安息日，按照猶太教的規定是不能談生意的。但西梅爾又捨不得讓這上門的大生意落入別人的手中，便連忙挽留斐迪南在他家住宿，到明天日落後再談。

於是，在整個安息日，斐迪南受到了西梅爾的盛情款待。到了星期六夜晚，可以做生意時，西梅爾滿面笑容地催促斐迪南把「貨」拿出來看看。

「我哪有什麼金子？」斐迪南故作驚訝地說，「我不過想知道磚頭大小的黃金值多少錢而已。」

其實，人們所感知的世界，只是他們自己所建構成的知覺經驗罷了，人們通常將他們看到、聽到、感覺到的經驗組織成自己感興趣的事物。對他們來說，所謂的真實，只不過是他們將從外界獲知的部分訊息，附上他們自己的意見罷了。

商家也可以向斐迪南學習，利用人們先入為主的心理特點，設計故事的前半部分（引出話題），讓顧客去進行一些「合理」的推想，從而增強其購買欲望，達到自己的銷售目的。

知覺對比：一杯時冷時熱的水

一杯溫水，保持溫度不變。另有一杯冷水，一杯熱水。先將手放在冷水中，再放回溫水中，會感到溫水熱；先將手放在熱水中，再放回溫水中，會感到溫水涼。同一杯溫水，出現了兩種不同的感覺，這聽起來好像有點奇怪，但它卻真實地反映出了人們的大腦感知規律，這就是「知覺對比」對人們產生的影響，簡單來說，就是透過對比來影響人們的認知。

由於「知覺對比」對人們的巨大的心理影響力，將它應用在銷售中通常能夠發揮出很明顯的效果。

有這樣一則關於銷售的故事，雖然運用於其中的方法看起來多少有些不厚道，但是為了說明問題，我覺得還是很有必要把這個故事呈現在這裡。

查理是一家時裝店的老闆，最近他正在為一件事情煩惱：他的店裡有幾件售價昂貴的貂皮大衣，每件價格3,500鎊，自從進貨以來，已經在店裡展示了一年多的時間了，卻始終一件沒能賣出。倒是經常有客人詢價，可是他們都嫌價格高。

查理想既然無法售出，這批商品只有採用賠本銷售的方式處理掉了。無奈之下，他決定讓手下的夥計替這些大衣寫上折價處理的標籤，可是沒想到他的夥計卻提出了不同的意見。他很有信心地表示，能在短期內把這些積壓的高價大衣按原價

第四章　銷售心理戰—打贏攻心戰，訂單自然落袋

賣掉，但是要求查理這幾天在店裡離貂皮大衣遠遠的，並且按照他的計畫來配合他。查理一聽可以把這些庫存清理掉，大喜過望，不僅欣然答應，而且還允諾如果真的成功了，就替夥計加薪。

過了幾天，一位女士看中了其中一件貂皮大衣，於是夥計趕忙迎了上來，女士向夥計詢問價格，夥計裝作很抱歉的樣子解釋道：「我耳朵不太好，剛剛到店裡來工作，還記不得每件商品的價格。您稍等一下，我問問老闆。」說完他就朝著商店另一端的老闆喊：「這件貂皮大衣多少錢？」

查理裝作漫不經心地回答道：「5,300鎊！」

夥計馬上很誠懇地對女士說：「3,500鎊！」

故事講到這裡，結局也就不須多說了，這是一個「皆大歡喜」的收場，每個人都很滿足和快樂。也許讀者朋友會覺得這更像是個為了說明知覺對比而編造的故事，並非是一個真實的商業案例。難道同樣的場景會在現實銷售中重現嗎？

是的，每一天，類似的銷售案例就在我們的生活當中發生著，有很多商家都在利用著人們的知覺對比在促進銷售，先將原始價格不聲不響地調高，製造出一個新的價格作為市場誘餌，再以某種名義來向人們展示價格差異，從而實現利用心理認知的規律來促進銷售的目的。

還有的商家僅僅透過巧妙地在兩件商品之間形成知覺對比，

知覺對比：一杯時冷時熱的水

來促進兩者的銷量。這裡有個真實的例子：

曾經有一家專門經營兒童玩具的商店。商店新進了兩種不同造型品質相差無幾、成本價也一樣的玩具熊。老闆因為成本價相同，把這兩種玩具熊的銷售價格也定為一樣。玩具熊擺在商店有些日子了，可是這兩種玩具熊卻很少有人購買，這令商店老闆一籌莫展。

這時正好新招了一位女店員，她為店老闆出了一個主意。她建議把其中一種造型的玩具熊標價提高，從原來的340元提高到490元，另外一種則保持原價。

這樣一來，當顧客進到店裡，看到兩種頗為相似的玩具熊，居然一個比另一個便宜很多，且看起來品質又不差，以為撿到了便宜，便容易做出購買決定。而另一些比較挑剔的顧客在看到兩種大小差不多的玩具熊，價格相差那麼多時，會自認為貴的玩具熊品質一定高於便宜的，甚至會想到「那個便宜的或許是仿製的」，於是也更容易做出購買決定。

在這種價格對比的策略之下，這兩種造型的玩具熊都較之從前的銷量有了較大幅度的增加。

原本無人問津的兩種玩具熊，在提高了其中一種的價格後，竟然變得比以前暢銷了。這其中的奧祕就是恰當地運用了「知覺對比」。

這一看似簡單的技巧，在各行各業的銷售活動中被廣泛運

第四章　銷售心理戰──打贏攻心戰，訂單自然落袋

用，而且總是能夠收到良好的效果。從事業務工作的朋友可以根據自身所從事行業的特點，設計符合自己工作的比價組合，在實踐之後，我想你一定會對這一策略的有效性稱讚不已。

思維定勢：昂貴等於優質？

社會心理學家發現，思維定勢在人際交往和認知過程中普遍存在。思維定勢一旦形成，思維就會呈現一種慣性狀態。只要某種現象一出現，人們就會自然而然地順著過去的習慣去思考，得出結論。特別是當人們對未知情況不了解時，便會用以往的經驗來判斷。

有這樣一道測試題：

警察局局長在路邊同一位老人談話，這時跑來一個小孩，急促地對警察局局長說：「你爸爸和我爸爸吵起來了！」老人問：「這孩子是你什麼人？」警察局局長說：「是我兒子。」這兩個吵架的人和警察局局長是什麼關係？

在100名被測試者中只有2人回答正確！後來，向一個三口之家問這個問題，父母沒答對，孩子卻很快答了出來：「局長是孩子的媽媽，吵架的一個是局長的丈夫，即孩子的爸爸；另一個是局長的爸爸，即孩子的外公。」

思維定勢：昂貴等於優質？

為什麼成年人解答如此簡單的問題反而不如孩子呢？這就是思維定勢在作怪。按照成人的刻板印象，警察局局長應該是男的，從「男局長」這個思維定勢去推想，自然得不到正確答案。而孩子沒有這方面的經驗，也就沒有思維定勢的限制，因而立刻就得出了正確答案。

讓我們再來看看另一道腦筋急轉彎題，答題者是一些受過教育的成年人。

「三點水加個『來』字，讀什麼？」

「一樣讀來（淶）。」

「那三點水加個『去』呢？」

被問者至少有一半以上語塞，有的脫口而出「去」，有的甚至說：「根本沒這個字！」而同樣的問題問小學三四年級的學生，「中招」的人幾乎沒有。這是為什麼呢？這也是心理學上的思維定勢在作祟。

思維定勢雖然可以使我們在從事某些活動時相當熟練，甚至達到「自動化」，但它的存在也會束縛我們的思維，使我們只用常規方法想問題，而一不小心就掉入他人設定的圈套中。

我的一位朋友在旅遊景點開了一家出售珠寶的商店。在旅遊旺季裡她進了一批瑪瑙，售價也不貴，可以說是物超所值。雖然商店裡顧客盈門，生意興隆，可是那批瑪瑙卻怎麼也賣不出去。朋友用了各種方法來吸引顧客對這些瑪瑙的注意，希望

第四章　銷售心理戰─打贏攻心戰，訂單自然落袋

以此來促進它們的銷量。例如將瑪瑙擺放在顯眼的位置，告訴店員對它們進行大力推銷，但這些方法的效果都不理想。

後來，朋友有事要離開一陣子。臨走的時候，她留了一張便條給店員，讓店員將那批瑪瑙以 1/2 的價格處理掉。因字跡潦草，店員誤將便條上的「1/2」看成了 2。誰知提價後的瑪瑙反而受到顧客的歡迎，很快便銷售一空。

幾天後，朋友回來，看到那批瑪瑙銷售一空後，非常高興。得知那批瑪瑙是以原價兩倍的價格賣掉的，朋友完全驚呆了！她怎麼也想不通這究竟是怎麼一回事。

其實這些顧客只是受到思維定勢的影響，再加上他們對瑪瑙沒有什麼了解，於是習慣性地認為「昂貴等於優質」。因為在一般情況下，商品的價格與價值是成正比的。商品的價值越大，價格自然越高。因此，這些想買到好珠寶的顧客，在看到瑪瑙昂貴的價格之後，便認為這些珠寶值得擁有。這就發生了上面那件讓我朋友迷惑不解的事。

通常來說，商品的價格都會隨著價值的增加而提高，價格越貴，品質就越好，價值就越高。所以，當人們想買品質好、價值高的商品時，便很自然地靠「昂貴等於優質」這麼一種思維定勢去判斷商品的價值。於是，精明的商家便抓住人們的這種心理，提高定價，厚利的同時也達到了多銷。

虛擬所有權：一個鋪滿鮮花的陷阱

虛擬所有權：一個鋪滿鮮花的陷阱

所有權是人類社會制度的一個基本特徵，所有權從本質來說是一種物權，按照法學界的定義，所有權是所有人依法對自己的財產享有的占有、使用、收益和處分的權利。所有權構成了商業交換的基礎，有了所有權的概念之後，人們相互之間進行的交易才具有存在的意義，業務工作也才得以持續存在。事實上，每個人的一生都在進行著各式各樣的所有權交換。生活也好，生意也好，相當程度上都是由各種所有權的變更組成的。

那麼，虛擬所有權是如何定義的呢？顧名思義，虛擬所有權是一種虛假的感覺。我們往往在實際擁有某物品之前，就開始對它產生「已經擁有」的感覺。接下來我們想向大家介紹的就是，人們在心中對某些物品在真正獲得所有權之前產生的虛擬所有的心理傾向，以及由此引發出的幾種非理性的消費決策。只有把這些問題闡述清楚，才是對業務工作有現實意義的事。

讓我們回想一下購物網站上的線上競價的功能吧！在網路上選擇自己心儀的商品，然後開始競拍，價高者最後得到這一商品。看起來，這是一種非常公平和完美的銷售方式。但事實上，當你一旦開始參與某一樣商品的競拍之後，就已經在心裡認為那是你的東西了。當有人繼續出價之後，你會覺得這個傢伙要搶走你的東西了，於是你會傾向於繼續出價，而忘記了最初對這一商品做出的合理預算。也許最後你得到了想要的商

第四章　銷售心理戰—打贏攻心戰，訂單自然落袋

品，但是虛擬所有權往往讓你在交易中付出更大的代價。

虛擬所有的這種感覺經常會使人們超過事先的購買預算。換言之，對於同一件物品，虛擬所有權給人們帶來的心理影響使得人們通常願意為同一物品付出更高的代價。

除此之外，虛擬所有權還能夠影響人們形成另一種心理變化。那就是每個人對於自己所擁有的東西，都會持有留戀的心理，在某個事物上投入的時間、勞動或者關注越多，這種對事物的依戀態度就會越強。

世界著名的家居銷售企業宜家家居（IKEA）公司的銷售策略就很好地展現出了對人們這種心理傾向的掌握。

IKEA的購物方式是自助，顧客在賣場的陳列區中自由選擇，然後根據商品標牌上的貨號資訊去指定貨架上自己提貨，再自己把買到的家居用品運回家，然後自己動手組裝。通常宜家的產品在包裝箱內都已經配備了各種小配件和小工具。

當然，對於這種銷售方式可以有多種理解，既可以被理解成是商家節省銷售成本的方式，也可以被理解成是增加買家動手樂趣的創新。但是有一點卻是客觀存在的，伴隨著整個自助的購物和組裝過程，你會更加喜歡你買下的那件東西，認為那就是屬於你的。

IKEA的官方網站上顯示，IKEA現在仍然在採用如下所述的退換貨政策：「只要包裝和貨品沒有損壞，並保持出售時的狀

虛擬所有權：一個鋪滿鮮花的陷阱

態，您可在 60 天內，帶上原始發票或收銀條及信用卡收據（若以信用卡支付）和完整的貨品，前往購貨商場更換等值貨品或退款（我們將按照您的支付方式退款）。」

這樣的退換貨政策看起來讓人很放心，但是很多人不會意識到，當把一張沙發或者一張書桌弄回家並擺放了一段時間之後，虛擬所有權會使他們在做出退貨決定時更加不捨。

虛擬所有的心理傾向，就像一個鋪滿鮮花的陷阱，容易讓人們陷於其中而難以自拔。對於業務員來說，了解人們的這種心理特徵，將對業務工作大有幫助。

房地產商在利用虛擬所有權這一心理特徵時，銷售手法往往表現得更為高超。房地產商通常沒有辦法把一個社區掛在網路上，讓大家去競拍，也無法為購房者提供先入住，住滿意之後再辦理付款的優惠政策。從客戶無條件退房這一點來說，絕大多數房地產商也做不到像 IKEA 那樣，只要包裝完好，就可以全額退款。

但是，在巧妙利用虛擬所有這種心理傾向上，房地產商卻做得很好，他們所採用的推廣策略通常是宣傳一種生活的理念。有興趣的朋友可以看看周遭的房地產廣告，幾乎都是把住宅這一商品昇華到生活態度和生活境界的層面上，並向消費者進行傳達。一旦消費者接受了這種理念的灌輸，便會很自然地認為這就是自己應該擁有的理想生活。因而，對於房屋價格，房地產商利潤率的合理性及周邊配套等其他方面，消費者很多時候會

135

第四章 銷售心理戰─打贏攻心戰，訂單自然落袋

變得不再那麼執著。

先試用產品再付款，在銷售中採用競價策略，提供一定時間內的無條件退換貨策略，或者讓消費者在購買商品與服務之前首先接受某一種理念，這些方式都可以促使客戶在心裡對標的商品產生虛擬所有的感覺。如果做到這一點，那麼對於銷售的一方來說，生意至少已經成功了一半。

投桃報李：讓人感到意外的薄荷糖

國外很多餐廳會在結帳處擺上薄荷糖，讓顧客在用餐後可以保持口氣的清新。不過，有些餐廳則採用另一種途徑向顧客提供餐後薄荷糖：服務生將薄荷糖作為餐後小禮物，和帳單一併放在銀質托盤上呈給顧客。

這兩種提供糖果的方式會產生什麼不一樣的結果嗎？

是的，你猜對了。用第二種方法送出餐後糖果在促使顧客多給小費方面，顯示出了巨大的作用。將糖果和帳單一起放在銀質托盤上呈給顧客的服務生得到了更多的小費。

為此，科學家們做了一個試驗，用來證實這小小的糖果的神奇作用。

第一個試驗：服務生為顧客取來帳單的同時，送給每人一

顆糖果。和那些沒收到糖果的顧客的小費相比，數額雖然變化不大，但還是高出了 3.3%。

第二個試驗：服務生給每人兩顆糖果，儘管只值一美分，但和未收到糖果的顧客的小費相比，額度高了 14.1%。

第三個試驗：服務生送出第一顆糖果後做出轉身離去的動作，但並不走遠，隨即他們再返回顧客身邊，從口袋裡拿出另一顆糖果送給顧客。這種行為表達的是「因為您人很好，所以我再送您一顆糖」的意思。結果小費提高了 23%！

怎樣做會令禮物或幫助獲得更大的回報？相信各位現在已經從試驗中找到了答案——因為喜歡、好感等緣故而送出禮物，會使人們做出更大的回報。

實驗表明，有三種因素能使禮物或幫助更具影響力，進而更能得到他人更大的回報。

第一是要讓顧客覺得你的所作所為是含有某些意義的。例如：兩顆糖果與一顆糖果相比，前者令小費從提高 3.3% 變為提高 14.1%。這就表明，讓人們覺得有意義並不一定要花大錢，兩顆糖就輕鬆搞定了，而這不過花費幾美分而已。

此外，雖然第二個試驗和第三個試驗中的服務生都給了顧客兩顆糖果，數量上不存在區別，但給的方式卻不一樣。這樣的區別告訴我們另外兩個讓禮物更有影響力的因素，即讓人意外的程度和個人行為化的程度。

第四章　銷售心理戰—打贏攻心戰，訂單自然落袋

在第三個試驗中，顧客以為服務生給完第一顆糖果就會離去，因此後來的第二顆糖果令他們感到很意外。同時，第二顆糖果表達的意思是：服務生對該顧客很有好感，所以才會折返送他第二顆糖果，這就讓第二顆糖果具有了個人行為的特點。

值得注意的是，如果服務生把第三個試驗中的技巧用在所有顧客身上，不僅會讓顧客產生反感，久而久之，還會令該方法失效。在顧客注意到服務生對每位顧客都如此時，第二顆糖果就不具備重要性、意外性及個人行為化的特點了。相反，這會被看作是在使心眼，到頭來反而是聰明反被聰明誤。

當然，誠實地運用該技巧還是會很見效的。為確保你送出的禮物或提供的幫助令他人感激，請花些時間找找什麼對接受人來說是有意義、令他受寵若驚及具有個人行為特點的行為。

同樣，客戶在接受了業務員的贈予或幫助之後，必定也會尋求一種回報，古話中所說的「將欲取之，必先予之」，就是這個道理。小到商品推銷，大到商業布局，這種心理都同樣發揮著重要的作用。

事實上，業務員能為客戶做的並非只是送客戶禮物，你還可以幫助客戶提出市場開拓建議，給分銷商更多的銷售支持，與客戶交流一些新鮮的行業資訊等。切入點可以有所不同，但只要你真誠地以對方的經營利益為出發點進行思考，客戶就會感受到你的努力，從而為你的銷售產生潤滑與促進的作用。

投桃報李：讓人感到意外的薄荷糖

著名「石油大王」亞曼德・哈默在1950年代開始了他的石油生意。哈默進入石油行業的時候，投資的是一家瀕臨破產的石油公司──西方石油公司，公司只有兩口將要廢棄的油井和幾個雇員。在當時，世界上大部分富饒的石油資源已經落入了最大的幾家石油公司的掌握之中。

如果想要在石油行業中謀得發展，西方石油公司迫切地需要找到更多能出油的新油井，哈默將眼光投向了非洲北部的利比亞。

在1960年代，利比亞政府正在進行石油專案的土地租借招標。

除了哈默之外，全世界的多家行業大廠也蜂擁而至。哈默的西方石油公司與競爭對手相比，簡直不值一提。但就是在實力相差如此懸殊的情況下，哈默最後居然奇蹟般地一舉贏得了兩塊租借地。

這其中的緣由在於哈默在投標過程中「明修棧道，暗度陳倉」：他的投標書採用羊皮證件的形式，捲成一卷後用代表利比亞國旗顏色的紅、黑、綠三色緞帶紮束。

首先，在投標書的正文中，哈默加上了一條，西方石油公司願從尚未扣除稅款的毛利中取出5%供利比亞發展農業之用。

其次，投標書中還允諾在庫夫拉圖附近的沙漠綠洲中尋找水源，而庫夫拉圖恰巧就是國王和王后的誕生地，國王父親的陵墓也坐落在那裡。

第四章 銷售心理戰──打贏攻心戰，訂單自然落袋

同時，擺在招標委員會面前的還有一項誘人的條件：哈默許諾，一旦在利比亞採出石油，西方石油公司將同利比亞政府聯合興建一座製氨廠。

西方石油公司為利比亞政府做出了能表示充足誠意的姿態，而利比亞政府在哈默提供的優惠條件的影響下，在所有參加投標的公司中最終選擇與誰合作時，天平自然會傾向於西方石油公司。

最後的事實證明，利比亞政府做出這樣的選擇是完全正確的，因為哈默在租借地中打出了富油的油井，也兌現了他做出的所有承諾，這是一次雙方都非常滿意的合作。

在商業中我們經常聽到「雙贏、多贏、共贏」這些詞語，指的就是每個參與者為其他各方提供利益增值的同時，自身也能獲得相應的利益回報。以雙贏或者多贏為目標進行的各項商業活動，正是人們基於「投桃報李」的心理建構出的理想模式。

承諾與一致：寫在紙上的東西有神奇的力量

美國著名作家馬克・漢森曾說過：「小心寫下你的目標，因為它一不小心馬上就可能實現。」

安麗是美國最大的直銷公司之一，在激勵員工創造新銷售紀錄時，它告訴員工：「把制定好的目標寫在紙上。不管是什

承諾與一致：寫在紙上的東西有神奇的力量

麼目標，關鍵是要有，這樣才會有努力的方向。請寫下你的目標。寫在紙上的東西有神奇的力量，所以，一旦有了目標，就請寫下。達到目標後，制定下一個，再寫下來。這樣你就會在前進的道路上飛奔起來。」

為什麼要把目標寫下來？即使這個目標只對我們自己公開。因為，積極承諾比消極承諾更能讓人們履行責任。

為了證實積極承諾的作用，研究人員對一些大學生進行了調查。他們詢問大學生們是否願意充當志工，去當地學校進行愛滋病知識的普及。

研究人員告訴其中一組學生，如果他們願意，請填寫表示願意當志工的表格；他們告訴另一組學生，如果他們願意去，只需要口頭答應，不需要填寫什麼表格。

最後，研究人員發現，不論學生接受的是前一個意見徵詢方式，還是後一個，對其是否同意去做志工並沒有多大影響。但幾天後的知識普及活動中，出席率卻表現出了明顯的差異。在第二種以消極承諾表示願意當志工的學生中，只有17%的人遵守了承諾。那些以積極承諾表示願意當志工的，則有49%的人遵守了承諾。整體來看，出席活動的人中有74%都是做出積極承諾的學生。

為什麼說把承諾寫下來（也就是積極承諾）會使人們更好地履行承諾呢？因為人們通常會根據自己的所作所為來評價自

141

第四章 銷售心理戰—打贏攻心戰，訂單自然落袋

己。每個人都希望自己是信守承諾、言行如一的人。把承諾寫下來，也就是積極承諾，鞏固了人們的承諾，也就促使人們更好地履行承諾。

現在讓我們來看看積極承諾都可以用在什麼地方。

年底，人們通常會做新一年的計畫書。如果你將詳細的目標，包括具體的實施方法寫下來，而不是僅在腦海裡過一遍，那將對你很有幫助，特別是當你將計畫告訴給朋友和家人的時候。

如果你是銷售經理，要求隊員寫下各自的目標，那麼就會提高目標完成率，從而帶來更多的利潤。同樣，讓與會人員對同意的事項進行書面確認，就更能讓他們參與其中。

在對客戶申請信用卡的情況分析後，銀行發現，如果信用卡申請表格是由顧客填寫，而不是由營業員填寫的，那麼客戶日後銷卡的機率就會小得多。

前幾年，英國的醫院表示越來越多的病人預約後，都沒有按時就醫。據英國全民健康醫療服務（NHS）調查顯示，平均一年有近七百萬個預約號作廢。這帶來了極大的財務損失與健康隱患。

怎樣用積極承諾減少這種現象呢？通常人們預約看病時，不論是接受常規檢查還是外科手術，都是由醫護人員記錄下與病人商定好的日期。這種做法會讓病人處於隱性承諾的位置。其實醫院可以讓病人自己寫下約定日期，這會是一個以低成本提高應約率的好方法。

承諾與一致：寫在紙上的東西有神奇的力量

對於利用積極承諾來促使人們更好地履行承諾、提高效率，傑出的效率專家查爾斯·施瓦布——伯利恆鋼鐵公司的創始人最有心得。為此他總結了提高效率之道——每天列出最重要的六件事，這個方法怎麼來的呢？還得從頭說起。

一天，愛維拜訪了查爾斯·施瓦布，對他說：「如果你允許我和你的每一位部下待上 15 分鐘，我就能提高你公司的效率和銷售額。」

施瓦布很自然地問：「我需要付多少錢？」

「不需要，」愛維說，「除非的確有效。三個月以後，你可以寄給我一張支票，給我你認為值得的錢。這足夠公平吧？」

施瓦布同意了。

在這家為生存而奮鬥的鋼鐵公司裡，愛維每天都會花費 15 分鐘的時間與各級管理人員交談，並讓他們完成一個簡單的任務。在接下來的三個月裡，這些經理每天晚上必須列出一份清單，寫出第二天他要做的六件最重要的事。然後，按照事情的重要程度對所有事情做出排列。愛維告訴他們，每完成一件事情就把它畫掉。只需按順序做完這六件事。如果他們沒有完成，就把它寫在第二天的清單上。

三個月後，公司經理們的效率和銷售額都顯著提高了，這讓施瓦布既吃驚又興奮。隨即，他愉快地寄了一張 3.5 萬美元的支票給愛維。

第四章　銷售心理戰─打贏攻心戰，訂單自然落袋

列出清單會迫使你決定哪件任務是最重要的。清單要力求簡明扼要，不要過分熱心地記下過多必須做的事，這一點很關鍵。因為你看著那個數字會想：我不可能做完這些。六件是個容易安排的量。當你輕鬆地完成所有列出的任務時，你就可以考慮處理更大的一些事情。

最重要的是，你必須親自把它寫在紙上。思考一遍是極其容易的，但也很容易導致忽視或延緩去做那些最重要的事，而你是不希望出現這種情況的。

就業務人員來說，從這裡得到的啟示是：如果你想讓客戶、商業夥伴主動遵守承諾，那麼你最好讓他們自己填寫協議書。當一切形成文字被寫下來時，就變成「動真格」的了。

欲擒故縱：了解客戶的反抗心理

反抗心理是日常生活中一種常見的心理特徵。所謂反抗心理，指的是接受資訊的一方由於受到頭腦中某種原有立場、思維定勢的影響，而產生與傳達資訊的一方意圖相反的心理傾向。接受資訊一方的反抗心理主要表現為對傳播內容或傳播者的不滿、懷疑、反感、牴觸乃至否定與排斥。

反抗心理根據具體的表現類型大致可分為以下三種：一是評價相反型，即受眾對客觀存在的事物現象所持的判斷與傳播

者呈相反性趨向；二是情感相悖型，即閱聽者對傳播者所傳達的事物的內涵及由此觸發的情緒與傳播者的情感期望相背離；第三種是行為叛逆型，即接受資訊的一方在接受傳播資訊後，採取的行為方向與傳播者所引導的行為方向截然相反。

銷售的過程其實質是買賣雙方進行利益置換的賽局。雖然有些時候，產品價值與使用價值的交換能夠同時帶給買賣雙方雙贏的局面，但是每個人為了實現自身利益最大化，大多數購買方心中的第一訴求並不是如何謀求雙贏，而是首先樹立起盡全力保護自身不受損失的心理壁壘。

這種不願意承受損失的傾向，會使消費者在了解產品特性、接受價格資訊、做出成交決策等環節上，都會抱持一種不信任和戒備的反抗心理。對於業務工作而言，客戶的反抗心理如果不能夠及時有效地加以化解與利用的話，那麼在大多數時候客戶的這種反抗心理對銷售所造成的只會是一種負面的效應。

正常來說，傳達資訊的一方在傳達資訊時存在一定的行為瑕疵才會引起接受的一方產生反抗心理。比如：傳播的一方在過往的行動中曾經出現過詐欺行為，或者傳達資訊的一方在傳播方式上單方面進行宣傳灌輸和說教，我們在第五章提到的「片面推銷」就屬於這種情況。

但是在現實中，客戶的反抗心理有時候並不是那麼有道理、有依據的，極端一點兒的情況甚至會出現初次謀面，話未出

第四章　銷售心理戰—打贏攻心戰，訂單自然落袋

口，客戶就在生意開始之前擺出了對業務員不信任的態度。消費者的反抗心理事實上也是一種思維定勢，這是買賣雙方所代表的不同利益角度而引發的一種心理戒備。

對客戶的反抗心理，在銷售上有兩種常見的處理方式：一種是化解；一種是按照兩次否定為肯定的角度去思考，從而加以利用。

化解客戶反抗心理的要訣其實很簡單，其根本核心是以建立信任作為基礎。順著這個思路繼續思考，如何建立客戶對業務員的信任呢？切入點應該是客戶產生戒備心理的根源所在，其中尤以針對客戶的損失畏懼入手為最佳。因為沒有任何損失風險的事情，自然也就不需要再持有戒備心理。比如：商家提供的免費試用策略就是消除客戶心理戒備的有效方法之一。

另一種應對客戶反抗心理的方式是利用買家的叛逆和戒備心理。接下來我要向大家介紹的是銷售大師金克拉的一則銷售案例，以使大家更加清晰地了解現實銷售中這種心理技巧的應用。

金克拉是國際知名的演說家、作家及全美公認的銷售天王，最會激勵人心的大師。金克拉的聰明與成就讓許多人欽佩，但原理卻很簡單：不拘泥常規，以奇招致勝。

有一天，金克拉敲開了一戶人家的門，試圖向他們推銷他的商品──廚具。房主安德森先生是一位高速公路巡邏警察，開門的是他的太太。她讓金克拉進入屋內，並告訴金克拉，她的先生

欲擒故縱：了解客戶的反抗心理

和鄰居布威先生在後院，她和布威太太樂意看看金克拉的廚具。

儘管說服男人認真觀看商品展示是極其困難的一件事情，但當金克拉進到屋內後，還是鼓勵兩位太太邀請她們的先生一同來看自己的商品。金克拉擔保，她們的先生也會對商品展示感興趣，兩位太太於是把她們的先生請了進來。

金克拉熱情地展示他的廚具，用他的廚具煮未加水的蘋果，也用他們自家的廚具加水煮一些蘋果，最後金克拉把差異指出來，令他們印象深刻。然而男士們仍裝作沒興趣的樣子，深恐要掏腰包買下金克拉的廚具。這時，金克拉知道展示過程並未奏效，因此，他決定要運用「逆向」成交法。

金克拉清理好廚具，將它們打包妥當，然後向兩對夫妻表示，金克拉很感激他們給予他機會來展示商品，他原本期望在今天將自己的產品提供給他們，但未來還有機會。

結果奇蹟竟然出現了，兩位先生看到金克拉放棄了此次推銷，即刻對金克拉的廚具表現出高度的興致。他們兩人同時離開座位，並問金克拉的公司什麼時候可以出貨。金克拉告訴他們，他也無法確定日期，但有貨時他會通知他們。兩位先生對金克拉說，他們怎麼知道他會不會忘了這件事。

金克拉看到時機已經成熟，回答說，為了保險起見，他建議他們先付訂金，當公司有貨時就會為他們送來，可能要等上1～3個月。兩位先生熱切地從口袋中掏出錢來，預付訂金給金克拉。大約在6週之後，金克拉將貨送到了這兩戶人家。

第四章 銷售心理戰－打贏攻心戰，訂單自然落袋

從這個故事中，我們可以看到，在銷售中採用「欲擒故縱」的方法有時能夠收到正面推銷所無法達到的效果。這種戰術不僅在銷售中能夠得到展現和運用，在中國歷代兵法兵書中也屢有提及，其心理根源就是利用人們的反向情緒。

威懾策略：站著說比坐著說更能表現氣勢

希爾頓國際酒店集團（HI）是世界著名的大飯店，其創始人康拉德‧希爾頓曾是一名軍人，他參加過第一次世界大戰。戰爭結束後，退伍回家的希爾頓在德克薩斯州尋求發展機會，最後他買下了莫希利旅店，從此翻開了希爾頓王國輝煌的第一頁。

創業之初，資金匱乏、舉步維艱，特別是在修建位於美國達拉斯的希爾頓酒店時，建築費竟然需要 100 萬美元。希爾頓為此一籌莫展，急得像熱鍋上的螞蟻。最後他靈機一動，找到了賣地皮給他的房地產商人杜德。

希爾頓煞有其事地對杜德說：「如果飯店停工，附近的地價將大大下跌，假如我告訴別人飯店停工是因為位置不好而將另選新址，你的地皮就賣不上好價錢了。」杜德仔細一想，果然如此。他當然不會讓自己陷入這般困境，於是同意幫助希爾頓將飯店蓋好，然後再由希爾頓分期付款買下。

希爾頓在進退兩難之際，巧妙地運用威懾戰術，最終說服

> 威懾策略：站著說比坐著說更能表現氣勢

了地產商杜德乖乖地接受了他的要求，幫助他建好了飯店。希爾頓此舉並未花費太大的代價，只是虛張聲勢，稍費了些口舌，就「不戰而屈人之兵」，如願地達到了自己的目的。

平常能夠運用威懾戰術的地方有很多，除了虛張聲勢外，如果對方不小心犯了點小錯，我們還可以借題發揮，小題大做，以此來威懾對方，讓自己獲得更大的利益。

美國密德蘭地區的一家銀行有一位非常難纏的客戶——艾利。艾利在經濟景氣的時候，有過一段輝煌燦爛的時光，但後來由於經濟蕭條，他的公司資金周轉出現了困難。

過去艾利所經營的顧問公司一直和銀行保持良好的關係，因此銀行也一直認為他所經營的公司是一家營運良好的企業。但是，出於各式各樣的因素，銀行不願意給他太多的貸款。艾利希望找到機會重建昔日輝煌，於是千方百計地向銀行申請貸款，但是都未能如願。

經過一段時間後，艾利終於想到了一種方式——羅列所有「罪狀」，削弱對方的氣勢。於是，他讓會計部門整理出好幾條針對銀行的抗議事項。

銀行對於客戶的這種抗議，顯然有些措手不及。銀行經理立刻打了道歉電話。但是，艾利又以銀行辦事能力太差、手續太慢，致使該公司從外國購買一項產品的計畫被拖延，並因此蒙受了重大損失為由，大表不滿。

還有一件事，銀行職員的一時疏忽使得一筆原來應該存入

第四章 銷售心理戰—打贏攻心戰，訂單自然落袋

艾利帳戶的款項，陰差陽錯地存入了另一家公司的帳戶。為了這件事，艾利又借題發揮，大發雷霆，並把銀行以往所犯的種種「罪狀」全部列舉出來，要銀行做出解釋及提供具體的解決辦法。

兩個星期之後，艾利認為時機已經成熟了。那位銀行經理在聽到客戶諸多不滿後，心中已做了最壞的打算，準備接受一切嚴厲的責罵和懲罰。這時，艾利給銀行打來電話。意外的是，他對於過去所發生的事竟然絕口不提，反而以輕鬆的語氣問道：「對於兩年以上的貸款應該怎麼算？」

那位經理事前一直預想著銀行方面會遭受激烈的攻擊，但聽到艾利的口氣並不嚴重，便鬆了一口氣，將利息的算法詳細地說了出來。「這樣貸款是一般市面上最有利的方式嗎？」艾利問。

「當然！」經理趕快回答。

「據我所知，這是目前最有利的一種貸款方式。」經理的語氣十分惶恐，生怕再得罪這位難纏的客戶。艾利很希望和銀行恢復往來，並要求銀行的經理讓他獲得一筆貸款。結果銀行經理真的允許了他的要求。

這就提醒各位業務人員，在與客戶打交道時，迫於無奈，在自己變得有威懾力的情況下，可以採取找出對手的弱點，借題發揮、虛張聲勢的做法，讓自己獲得更大的利益。當然，不在萬不得已的情況下，還是好說好商量最好。

威懾策略：站著說比坐著說更能表現氣勢

此外，美國華盛頓大學的教授對於站著和坐著給人的不同影響做過一項專門的調查：他們將一張人是坐著的照片和一張人是站著的照片分別放在受試者面前，請他們說出哪一種姿勢更具威懾力。最後發現，59%的人覺得站著具有威懾力，而41%的人則認為坐著更具有威懾力。

馬德作為某大型貿易公司最年輕的業務主管，在每次和下屬開會時總是盡量採用站立的姿勢講話。儘管有些特殊會議的開會時間會持續三四個小時，但馬德依然會選擇站立的姿勢。有人問馬德其中的原因，他總是說：「我是公司裡最年輕的主管，在這裡我相當於一個晚輩。雖然我畢業於美國最有名的大學，但是在業務能力上肯定不如實戰經驗豐富的老業務員，這一點我非常清楚。如果開會時我選擇坐下來的話，那麼我的專業性、積極性和威信就會有所下降。我身上的弱點也就更容易轉化為心理上的劣勢，整個人的氣勢也會降下來。」

坐姿對於想要放鬆的人來說是一個不錯的選擇。可是隨著坐下後腰部的放鬆，整個人說話的聲音也將沒有張力。所以，業務人員在與客戶交流時，能採取站姿的，就不要採用坐姿。

越是與社會地位比自己高或比自己強大的對手交談時，我們越需要採用站立的姿勢，因為站立本身就會給人帶來威懾的效果。試想一下，從上向下俯視與從下往上仰視，哪種感覺讓你覺得更舒服呢？當然是前者。所以，當你向別人提要求時，最好在對方坐著而自己站著的情況下提出，這樣將會大大提高成功

第四章 銷售心理戰—打贏攻心戰，訂單自然落袋

率。比如升遷、加薪、休假等。

當然，具體採用什麼姿勢與對方交流，還必須依情況而定。如果你想營造輕鬆、舒適的氛圍，那麼最好先讓對方入座，緊接著自己坐下再進行交流。因為站立姿勢所帶來的緊張感會增加對方的心理壓力，反而使一些輕鬆的話題變得嚴肅起來。

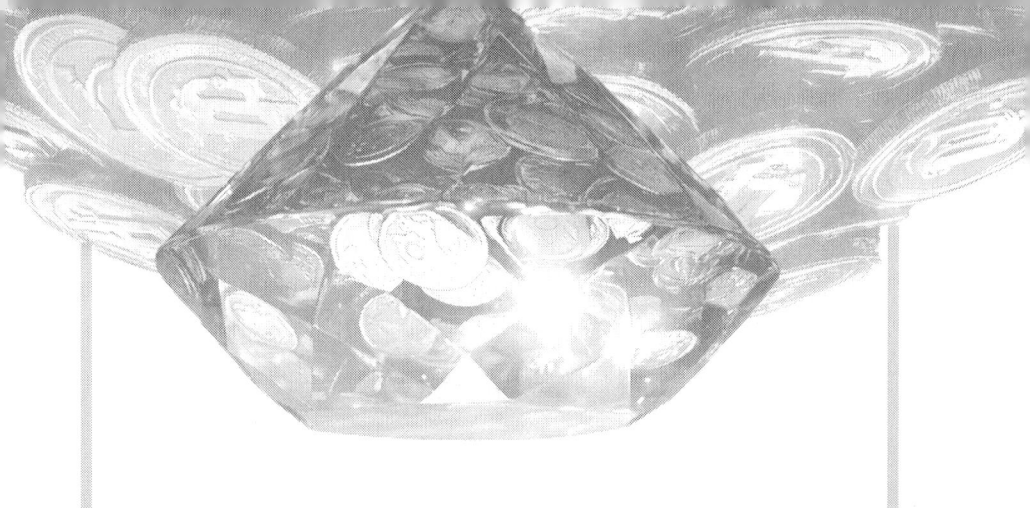

第五章
銷售中的說話藝術
—— 話到點子上，客戶自然下單

第五章　銷售中的說話藝術—話到點子上，客戶自然下單

開場白不好，等於白開場

西方有位哲學家曾這樣說：「世間有一種成就可以使人很快完成偉業，並獲得世人的認識，那就是講話令人喜悅的能力。」

雖然業務人員並不一定非要成為一個口才家，但是在與客戶溝通互動的過程中，語言是最為直接的溝通手段，也最能影響到消費者的心理變化。語言表達是一門藝術，懂得語言表達藝術的人不會勉強別人與自己有相同的觀點，而是利用語言表達來逐步影響聽者的心理，巧妙地把他人引導到自己的思想上來。

那些善於運用語言藝術的人表達準確、貼切，能生動地表達自己的思想感情，做起業務工作來往往比較容易取得圓滿的效果。反之，不懂得語言藝術的人，常常會撩撥起客戶的無名之火，最後令自己陷入困境。

銷售就是用你的口才說服別人購買你的商品，在銷售中引起客戶的興趣並不是一件容易的事情。所以開場的幾句話是極其重要的，它將關係到你推銷的成敗。

一個人壽保險代理商在調動客戶興趣方面有著非常高超的技巧，他每次一接近潛在的客戶便會問對方：「五公斤松木，您打算出多少錢？」

「我根本不需要什麼松木！」客戶回答。

「如果您坐在一艘正在下沉的小船上，您願意花多少錢呢？」

開場白不好，等於白開場

這兩句令人好奇的開場白，總是能夠引發客戶對保險的重視和購買的欲望。這個人壽保險代理商實際上在向客戶傳達這樣一個思想：人們必須在實際需求出現之前就投保。

要引起客戶的談話興趣，業務人員可以用言語，還可以用一些技巧或花招。

美國有一位非常成功的業務員喬‧格蘭德爾，他有個有趣的綽號叫「花招先生」。他拜訪客戶時，會把一個三分鐘的蛋形計時器放在桌上，然後說：「請您給我三分鐘，三分鐘一過，當最後一粒沙穿過玻璃瓶之後，如果您不要我再繼續講下去，我就離開。」他會利用蛋形計時器、鬧鐘及各式各樣的花招，使他有機會讓客戶靜靜地聽他講話，並對他銷售的產品產生興趣。

假如你總是可以把客戶的利益與自己的利益相結合，提問題將特別有用。顧客是向你購買想法、觀念、物品、服務或產品的人，所以你的問題應帶領潛在客戶，幫助他選擇最佳利益。

美國某圖書公司的一位業務員總是從容不迫、平心靜氣地以提出問題的方式來接近顧客。「如果我推薦您一套有關個人效率的書籍，您打開書發現內容十分有趣，您會讀一讀嗎？」「如果您讀了之後非常喜歡這套書，您會買下嗎？」「如果您沒有發現其中的樂趣，您把書重新塞進這個包裡寄回給我，可以嗎？」這位業務員的開場白簡單明瞭，使客戶幾乎找不到說「不」的理由。後來，這三個問題被該公司的全體業務員所採用，成為了標準的接近顧客的方式。

第五章　銷售中的說話藝術—話到點子上，客戶自然下單

開場白的設計要簡單，在此之後緊接著要用最簡潔的話將你要說的核心內容表達出來。如果客戶問你：「為什麼我應該放下手邊的事情，百分之百地專心聽你來介紹你的產品呢？」這時候你的答案應該在30秒之內說完，而且讓客戶滿意並吸引他的注意力。

好的業務人員在與客戶溝通之前，首先會問問自己，為什麼客戶將注意力放在你的身上，為什麼他要聽你說話，你能引發客戶興趣的時間事實上只有開場的30秒，如果不能在這個時間內取得成效，那麼也就失去了繼續表達的機會。

好的開場白應該會引發客戶的第二個問題，當你花了30秒的時間說完你的開場白以後，最佳的結果是讓客戶問你，你的東西是什麼。每當客戶問你是做什麼的時候，就表示客戶已經對你的產品產生了興趣。如果你花了30秒的時間說完開場白，並沒有讓客戶對你的產品或服務產生任何好奇或興趣，而他們仍然告訴你沒有時間或沒有興趣，那麼就表示你這30秒的開場白是無效的，你就得趕快設計另一種方式來代替了。

如果你賣的是電腦，你就不應該問客戶有沒有興趣買一臺電腦，或者問他們是不是需要一臺電腦，你應該問：「您想知道如何用最好的方法讓你們公司每個月節省20,000元的行銷費用嗎？」這一類型的問題相對來說比較容易吸引客戶的注意力。

「您知道一年只花幾十塊錢就可以防止火災、水災和失竊

嗎？」保險公司業務員開口便問顧客，對方一時無言以對，但又表現出很想得知詳細介紹的樣子。業務員趕緊補上一句：「您有興趣了解我們公司的保險嗎？我這裡有 20 多個險種可以選擇。」

對於業務員來說，開場白很重要。開場白不好，等於白開場。好的開場白能夠吸引住你的客戶，為你爭取到更多的成功機會。只要做到別人對你的話題感興趣，做到別人愛聽，你的推銷便成功了一半，而且還會為你以後的推銷打下堅實的基礎。

會說才會贏

銷售是語言的藝術。過人的銷售技巧其實就是過人的語言藝術，它不僅要有洞悉人心的敏銳，也要有動搖客戶心旌的表達能力。成功的業務員往往能口吐蓮花，他們的語言就像一雙柔軟的手，能撫摸客戶心靈最柔軟的地方，讓客戶無法拒絕。

以賣青椒為例，可見行銷語言的魅力：

顧客問：「老闆，這青椒辣不辣？」

賣青椒的人有四種回答。

第一種回答是：「辣。」

第二種回答是：「不辣。」

第五章　銷售中的說話藝術—話到點子上，客戶自然下單

第三種回答是：「您想要辣的還是不辣的？」

第四種回答是：「這個箱子裡的是辣的，那個箱子裡的是不辣的，隨便選。」

這是個很簡單的銷售案例，回答都很簡單，但其中就蘊含著銷售的技巧：

「青椒辣不辣？」回答「辣」和「不辣」都只能滿足一種消費需求——碰到買青椒的顧客不喜歡吃辣的或者湊巧他這兩天上火不能吃辣的，回答「辣」就直接導致這樁買賣沒了；如果買青椒的顧客喜歡吃辣的或者碰巧他這兩天想吃辣的開開胃，回答「不辣」也會導致這次生意無法達成。

回答「您想要辣的還是不辣的」，雖然已經考慮到顧客的不同需求，但還是把問題丟給了對方，碰見愛計較的消費者，結果很難預料，成功率是50%。

「這個箱子裡的是辣的，那個箱子裡的是不辣的，隨便選。」這是最理想的回答：親愛的顧客，我已經為您分好了，要辣的還是不辣的，您自己選吧，百分之百的成功率。

不同的回答會有不同的結果，這就是銷售語言的作用和魅力。可以說，每一件產品的銷售，不僅需要產品本身品質做基礎，更需要有注入人心的語言藝術開疆拓土！

在生活中，能說會道未必就是優點；但在推銷商品中，能言善辯卻是真才實學。同樣一個意思可以有多種說法，最觸動

和順應客戶的心理的那一種才是最佳表達。

在某公司舉辦的化妝品展銷會上,幾位年輕的業務人員用十分專業的術語詳細地向消費者介紹了公司產品的原料、配方、效能和使用方法,贏得了顧客的好評。他們在回答消費者提出的各種問題時,思維敏捷、對答如流、幽默詼諧,加之他們彬彬有禮,給人留下了難忘的印象。

消費者問:「你們的產品真的像廣告上說的那樣好嗎?」

一位業務人員立即答道:「您試過之後的感覺會比廣告上說的還好。」

消費者又問:「如果買回去,用過以後感覺不那麼好怎麼辦?」

另一位業務人員笑著說:「不,我們相信您會喜歡這種感覺的。」

這次展銷會獲得了很大成功,不僅產品銷量超過以往,更重要的是產品品牌的知名度大大提高。在公司召開的總結會上,公司經理特別強調,是業務人員的語言訓練有素促成了這次展銷活動。他要求公司全體人員應該像業務人員那樣,在「說話」上下一番工夫。

對於業務人員來說,語言是與客戶溝通的媒介,一切銷售活動首先是透過語言建立起最初的連繫的,從而使銷售活動不斷進展,最終達到銷售目的。所以,語言交流是銷售活動的開

第五章　銷售中的說話藝術—話到點子上，客戶自然下單

端，這個頭開得好不好，直接關係到銷售的成敗。

在銷售活動中，有時候把話說得委婉一些，詼諧一些，可能比直截了當地說效果更好。一位業務人員在市場上推銷滅蚊劑，他滔滔不絕的演講吸引了一大堆顧客。突然有人向他提出了一個問題：「你敢保證這種滅蚊劑能把所有蚊子都殺死嗎？」

這位業務人員機智地回答：「不敢，在你沒噴藥的地方，蚊子照樣活得很好。」這句玩笑話使人們愉快地接受了他的推銷宣傳，幾大箱滅蚊劑很快就銷售一空。

幽默語言在銷售活動中的運用，不僅可以營造輕鬆活潑的氣氛，還為業務工作創造了良好的環境。幽默話語本身就是一種極具藝術性的廣告語，用得好，會讓人們留下深刻印象，由一句笑話聯想到某種品牌，是很好的促銷方式。

業務人員在運用語言上還應注意簡潔，以簡單明瞭的語言把盡可能多的資訊傳遞給客戶。無論談生意還是推銷產品，都要突出要點，讓對方能夠聽懂記住。如果說話顛三倒四，反反覆覆，囉哩囉嗦，言之無物，不僅讓人抓不住重點，還會占用更多的時間，引起對方反感。簡潔的語言，不但是交際的需求，而且從客觀上反映了業務人員的業務素養。當然，業務人員的語言交際要注意的地方還很多，比如說話要有禮貌、要客觀真實等。

其實，會說話不單是一門不折不扣的藝術，還是一項成效強大的技巧。在當今這個時代，我們每個人都越來越需要掌握

這項技能。因為成功總是垂青於那些會說話和巧於辦事的人！會說話、會辦事是一個人在生存和競爭中獲勝的必備本領。

聽客戶說，並且引導客戶說

傾聽是人與人在交往過程中，建立與維持連繫的一項基本溝通技巧。在銷售活動中，傾聽顯得尤為重要。想要了解客戶的心理需求，想要弄明白生意的關鍵所在，傾聽的環節必不可少。上帝為什麼給了我們兩隻耳朵一張嘴呢？我想，就是要讓我們多聽少說吧！

做一個好的聽眾，對於銷售的促進來說，至少能有以下幾個方面的好處。

首先，傾聽是一種對人的尊重，認真的傾聽是對說話者最好的恭維，它的功效在於使說話的人不僅樂於繼續說下去，而且在說的過程中獲得一種被尊重、被重視的滿足感。這是拉近業務人員與客戶之間距離的一種重要手段。

有一些業務人員在進行商品推銷的時候，總是口若懸河，滔滔不絕，殊不知，在其展現良好口才能力的同時，事實上也是對客戶耐心的一項重大挑戰。美國汽車銷售冠軍喬‧吉拉德就曾經告誡業務人員：「成功銷售的一個祕訣就是80％使用耳朵，20％使用嘴巴。」下文所要描述的發生在喬‧吉拉德本人

第五章 銷售中的說話藝術—話到點子上，客戶自然下單

身上的這則故事，就為我們很好地揭示出了傾聽在銷售中的重要性。

一次，喬‧吉拉德與一位中年客戶洽談順利，但就在準備簽約成交時，對方卻突然變了卦，令喬‧吉拉德心痛不已。

當天晚上，按照顧客留下的地址，喬‧吉拉德登門求教。客戶見他滿臉真誠，就實話實說：「你的失敗是由於你沒有自始至終聽我講話。就在我準備簽約之前，我提到我的兒子即將上大學，而且還提到他的運動成績和他將來的抱負，我為他感到驕傲，而你當時卻沒有任何反應，甚至還轉過頭去聽旁邊的同事談論花邊新聞，我一怒之下就改變了主意！」

此番話重重敲醒了喬‧吉拉德，使他真正領悟到了「聽」的重要性，讓他明白如果不能自始至終傾聽對方講話的內容，了解並認同顧客的心理感受，就有可能會失去自己的顧客。

其次，傾聽也是化解牴觸情緒的一種有效方式。在銷售過程中，當談話的對方有反對意見或者不滿情緒時，認真傾聽的姿態能夠化解和消除這種牴觸的情緒。也許，有時候你並不能提供對方所需要的，但是只要你樂於傾聽他們的意見，也能夠使事情進行得更為順利。

1965 年，日本經濟陷入低迷，當時的市場環境很不好，松下電器的銷售也陷入了困境。為了改善這種不利的局面，松下公司決定徹底檢討和改變整個銷售體制，但是這一舉措遭到了

聽客戶說，並且引導客戶說

一部分代理銷售商的反對。

在這種情況之下，創始人松下幸之助召集了 1,200 家的業務代理負責人進行商議。為了有效地與他們溝通，會議一開始，松下幸之助就對大家說：「我今天開這個會議，是想要了解大家關於銷售體制變革的看法，請大家各抒己見。」說完，松下幸之助就請大家開始發言，尤其是讓那些有反對意見的負責人來發表他們的意見。在大家發表意見的時候，他一言不發，靜靜地坐在一旁傾聽。

等到所有人的發言都結束了，松下幸之助才詳細地說明新的銷售體制推行的目的及方法。令人驚訝的是，起先反對的那些零售商的負責人卻並沒有站出來反對他的這一改革，而是對新的方案表示支持和理解。

這次會議的成功，在一定程度上要歸功於傾聽策略的成功。人的心理是很微妙的，有些時候，人們的決定並不是像考試做判斷題一樣，非是即非，對於事情的多種結果都有接受的可能，但是他們必須把自己心中最好的想法或者鬱積的不滿找到表達的出口。而且這種表達要引起足夠的重視，他們才會對最後面對的結果滿意，傾聽的策略恰恰就迎合了人們的這種心理。

再次，傾聽還可以使業務人員在聽的過程中了解到更多的資訊，從而正確地解讀客戶的意圖。在銷售過程中如果把說話的機會總是留給自己，那麼能夠了解到的客戶資訊將非常有限。

第五章　銷售中的說話藝術—話到點子上，客戶自然下單

沒有傾聽作為基礎，單方面宣揚自己的觀點，就容易出現一種銷售離題的尷尬：雖然說得很精采，但卻往往不是客戶真正關心的。

大多數人的頭腦中都有一種思維定勢，認為最優秀的業務人員應該是伶牙俐齒、激昂雄辯的那一類人。但科學研究和事實都顯示，現實並非如此。據一項權威的心理調查顯示，在參加心理測試的優秀業務人員中，有75％的人在性格測定中被定義成內向的人。他們為人低調誠懇，能夠以客戶為中心，並且十分願意去了解客戶的想法和感受。他們在業務工作中，花在傾聽客戶意見上的時間遠多於誇誇其談地宣揚自己的觀點。

聽客戶說，並且引導客戶說，才是銷售中最好的溝通方式。

最後，傾聽有時能夠很好地詮釋「沉默是金」這一至理名言。在銷售中當客戶有不同的利益主張時，傾聽的姿態能夠避其鋒芒。雖然有句話人們常掛在嘴邊——商場如戰場，但銷售過程的本質畢竟是商業，在你做出了傾聽的姿態後，即便有不同的觀點與意見，氣氛也能趨於緩和，對方一般不會故意將氣氛推至緊張凝固的程度，從而挑起正面的激烈衝突。

同時，傾聽又是一種很好的保留底牌的戰術。在銷售中，過早亮出底牌的一方大多數時候會處於不利的境地。而認真的傾聽可以避免你把自己逼入到立即亮牌的死角。傾聽可以留出時間讓對方去揣測，而且還能為自己留出空間去騰挪。

對於傾聽的技巧，我還有一個重要的忠告：傾聽或引導客戶說話的時候，情緒的展現是非常重要的輔助手段，只有真誠的傾聽才能取得良好的收效。否則，在你讀懂客戶的心理變化之前，客戶已經讀出了你敷衍做作之下的心理變化。

對於業務人員而言，善於傾聽是一項至關重要的基本素養。但做一個好的傾聽者也是一門藝術。實際上，聽是一回事，聽見了是一回事，聽懂了又是一回事，聽懂並運用於實踐當中才是真的一回事。最重要的是，我們要有一雙可以聽得進話的耳朵。

那麼，如何才能做一個好的傾聽者呢？以下是幾點建議：

第一，全心全意地傾聽

聽音樂時，你也許喜歡輕敲手指或頻頻用腳跟打拍子，這沒有問題，但聽別人說話時卻絕不能這樣做，因為這些小動作最容易傷害別人的自尊心。所以在傾聽時不要做一些與談話無關的事情，要撇開令你分心的一切，不要理會牆角裡嗡嗡作響的蒼蠅，忘記你當日要去看牙醫。這樣當他偶然問你一些問題時，你才不會因為沒有留心聽他說話而無從回答。

聽別人說話時，你的眼睛要注視著對方，點頭示意或打手勢鼓勵對方說下去，藉此表示你在用心傾聽。無論和你說話的人的地位比你高還是低，眼睛注視著他是一件必要的事情，只有虛浮、缺乏勇氣或態度傲慢的人才不去正視別人。

第五章　銷售中的說話藝術─話到點子上，客戶自然下單

輪到你回答對方的問題時，千萬不要以為你已經成為了主角，你仍要把說話的機會奉還給對方。除非對方的話已告一段落，想和你互換一下角色，你才可以把話題接下去，或對方讓你說話的時候你才可以這樣做。

● 第二，協助對方說下去

試用一些很短的評語或問題來表示你在用心聽，即使你只是簡短地說「真的？」或「再告訴我多一點」。

假如你和一個老朋友吃午飯時，他對你說因為夫妻大吵了一架，整個星期都沒有睡好。你千萬不能像那些不喜歡聽別人私事的人一樣說：「婚姻生活總是有苦有樂，你吃魚還是五香牛肉？」你這樣說無疑是對他澆了一頭冷水，是間接叫他最好別向人發牢騷。你應該關切地說：「難怪你睡不好，夫妻不和一定令你很難受。」

因為我們當中很少有人能夠自我開導，總需要把自己的煩惱告訴善於傾聽的朋友，所以你這樣說可以舒解他心中的憂鬱，使他的心情慢慢好起來。

● 第三，要學會聽出言外之意

一位業績優異的房地產經紀人認為，他之所以能夠成功，是因為他不僅能做顧客忠實的聽眾，而且能聽出顧客的弦外之音。

有一次，當他講出一棟房屋的價格時，顧客說：「哪怕豪宅也沒有什麼了不起。」可是說的聲音有點猶豫，笑容也有點勉強，

那他便知道顧客心目中想買的房子和他負擔得起的價位有差距。

於是，他很誠懇地說：「在你決定之前，不妨多看幾棟房子。」結果當然皆大歡喜。那位顧客買到了符合他預算的房子，生意成交。

第四，不要隨便糾正對方的錯誤

無論他人說什麼話，最好不要隨便糾正他的錯誤，這樣才不會引起對方的反感。如果要提出意見或批評，一定要講究時機和態度，不要太莽撞，不講究方法的批評，無疑會將好事變成壞事。

有些人常喜歡把已經對你說過好幾次的事情再說給你聽，這件事可能是深埋在他心裡最難忘的事情，也可能是他最得意、高興或者傷心、不快的事情；也有些人會把一個笑話說了幾次後還當新鮮的東西講給你聽……在這種情況下，作為聽者的你，要有一種忍耐的美德，你不能對他說：「這件事你已經對我說過好幾遍了。」這樣做會傷害他的尊嚴，你唯一應該做的事是耐心聽下去，你應該明白他是一個記憶力不好的人，你應該同情他，而且他對你反覆地講是出於對你的好感和信任，那麼你應該同樣用誠意來接受他的善意。

如果說話的人滔滔不絕地說你根本不感興趣的話題，而你又覺得沒有必要用時間和精力去應酬。那麼你應該在不傷害對方自尊的情況下，巧妙地轉移他的話題，去談一些他擅長或喜歡的話題。

第五章　銷售中的說話藝術—話到點子上，客戶自然下單

掌握傾聽的藝術是受人歡迎的祕訣之一。不幸的是，大多數人不知道應該如何傾聽別人說話。當別人有問題來找我們時，我們常說得太多，總是試著提出建議，其實，大多數時候他們最需要的也許只是沉默，同時把耐心、寬容和愛傳達給對方。

會說會聽還要會問

作為業務員，除了花費精力設計好的開場白，以引起客戶的興趣之外，揣摩客戶的需求和目標也是談話技巧中非常重要的一項。如果不能了解客戶的心理預期，那麼就會出現雙方溝而不暢，不歡而散的局面。法國思想家、文學家伏爾泰曾說過：「判斷一個人憑的是問題，而不是他的回答。」所以，要了解客戶的心理需求和心理目標，提問是一種有效的方式。巧妙的提問可以引導客戶表露出心理傾向，也可以引導他們自己提出解決問題的方案。

為了有效地運用提問技巧，我們在應用過程中還應該注重以下三個要點：

▌第一是清晰化

問題通常是針對對方的話語而發。這類型的提問意圖不外是：我已經聽到了你的話，但是我還想進一步確認你的真實意

思。以清晰化為目的的提問,是溝通回饋的一種形式,它能夠使說話人的意圖變得更加明顯。

第二是將原有的談話加以擴展

提出問題的目的是就某一個方面了解到更多的資訊,比如弄清楚客戶在生意談判的幾條標準中,最優先考慮的是什麼。在這個時候,業務人員可以告訴對方:「我理解您的意思,但是我想讓您在產品品質方面的要求了解得更多一點。」

第三是轉移話題

當你對客戶某個方面的想法已經很清楚的時候,可以用提出其他問題的方式,將了解的重點切換到其他方面。因為針對某個部分的多次提問雖然可以使對方的回答不斷地擴展下去,但是到了一定的程度,你就得用轉向式的提問以獲取其他地方的資訊。

轉移話題時,我們最好選擇那些與客戶相關的、能夠引起客戶興趣的,或者客戶引以為豪的話題作為切入點。因為人們通常只對與自己有關的人或事才會給予足夠的關注。

在了解了客戶的心理預期和目標之後,業務人員要時時注意從客戶那裡得到的資訊回饋,時時揣摩那些需求,並讓你的語言和語氣與客戶的心理狀態相契合。只有這樣,說服效果才能充分地顯現出來。

第五章 銷售中的說話藝術—話到點子上，客戶自然下單

要達到語言與客戶心理相互契合的理想狀態，以下幾點技巧是非常實用的：

▌第一，站在對方的立場上去考慮問題

在與客戶溝通的過程中，設身處地地為客戶著想、充分了解他的觀點，比一味地為自己的觀點與對方爭辯明智得多。同時，你應該透過你的話語與口氣讓客戶意識到你在為他著想，你充分考慮了他的利益。

▌第二，迂迴否定的表達方法

說話時採用先肯定後否定的表達方式，比較容易達到預期的效果。例如：「您說得相當正確，大多數情況都是這樣，但是現在的情況有點特殊……」「您所說的一點都不錯，但是您是否考慮到……」「我毫不奇怪你會產生這種感覺，當初我也曾經這麼想過，後來才發現……」這些表達方式都是一種先肯定對方的異議，再說出不同觀點的語言技巧。這種談話方式能夠使客戶在心情愉悅下，聽完你後面的不同意見的陳述，避免從一開始就在心裡產生對立的情緒。

▌第三，把話換個說法，讓聽的人更為受用

雖然我們一直都記得一句古語：「良藥苦口利於病，忠言逆耳利於行。」但也恰恰是這句至理名言，讓人們在現實中吃足了苦頭。在銷售中，我們應該說出真話與實情，但千萬不要選擇

逆耳的表達方式。因為沒有哪個客戶在消費的時候是抱著受教育的態度來的，逆耳的言語大多數時候都會被客戶理解成存心找碴，還不如不說。

第四，採用有一定彈性的語言

在銷售中切忌說「滿口話」，因為商業過程是一場複雜微妙的心理賽局，說話時如果不留有餘地，往往容易授人以柄，使自己處於比較被動的地位。類似於「絕對、完全、肯定、百分之百」這一類的詞語都是要慎重出口的，因為這類詞語容易引起聽者埋藏在心底的競爭與爭辯意識。另外直陳語氣的實際效果往往不如探討的口吻，探討的談話氛圍能夠為業務人員留下進退自如的空間。

語言的力量能征服世界上最複雜的東西——人的心靈。業務人員在與客戶交往的過程中必須總結和掌握一些必不可少的談話技巧，在不同的場合採用不同的技巧，只有如此才能揣摩並且迎合客戶的心理狀態，使語言藝術成為促進銷售的有力支撐點。

面對客戶抱怨，傻瓜才去硬碰硬

在日常生活中，每個人都有各自不同的性格和個性化消費需求，但是商家的產品和服務在生產和制定的過程中需要考慮到

第五章　銷售中的說話藝術—話到點子上，客戶自然下單

標準化和量產的可行性。這就在客觀上存在著一組矛盾，絕大多數商家無法做到為了每個人的需求而去定製產品與服務。

在日常業務工作中，消費者找到抱怨的理由並不困難，人們總是會對購買的商品或接受的服務提出各種不滿，應對客戶的抱怨，幾乎是業務人員的家常便飯。

大多數客戶對於商品和服務的抱怨，通常都不僅僅是抱怨而已，如果不能了解客戶的心理，不能讀懂客戶抱怨之中的弦外之音，那麼客戶在抱怨得不到響應之後，往往會選擇放棄，甚至已經成交的也會提出退貨或者中止合約等要求。

很顯然，這一類事件是業務人員最不願意看到的，因為這意味著之前的銷售努力都將付諸東流。但是，往往事不遂人願，無論業務人員喜歡與否，這一類的情形總是伴隨著銷售活動的存在而發生著。我們所能做的是盡可能減少此類事件的發生。

要有效地解決這一問題，如何回應客戶的抱怨是關鍵。

事實上，作為業務人員，一定要具備隨時面對客戶抱怨的心理準備。當面對客戶抱怨時，第一個要點是控制好自己的情緒。在銷售中，如果客戶尚且只有三分怨氣，業務人員就已經面帶七分怒意，那麼事情處理起來就比較棘手了。在面對客戶的抱怨時，最忌諱的就是當客戶憤怒，業務員比他還憤怒。

通常，人的潛意識中傾向於對外界所接受的訊息做出相對應的回饋與舉措，一旦雙方陷入劍拔弩張的氣氛，就可以預

面對客戶抱怨，傻瓜才去硬碰硬

見，銷售失敗幾乎已成定局。反之，耐心的傾聽與善意的態度往往能使雙方的交談步入到冷靜與和諧的氛圍中。

控制好情緒之後，第二步要做的是思考與分析客戶的抱怨究竟意味著什麼。大體來說，客戶的抱怨可以歸結到以下五個主要的層面：

一是客戶對商品的品質和效能感到不滿意，認為業務人員的介紹或者先前的廣告過分誇大了商品的價值功能，客戶產生了被欺騙的感覺。對於這類型的客戶抱怨，業務人員需要做的是讓客戶對品質放心。這時候採用以事實展示品質，或者以案例來證實品質的方式，能收到比較好的效果。因為客戶可以不相信宣傳與廣告，但是事實勝於雄辯，已經成功的案例具備最好的說服力。

二是客戶對業務人員的服務態度不滿意，認為自己沒有得到應有的重視與禮遇。這類客戶真正在意的並不是產品或者服務本身，他們需要的是一種消費的滿足感。對於這類型客戶，業務人員只需要根據其透露出的性格特點，給足客戶面子。一般來說，不僅銷售活動能夠順利達成，而且還能得到客戶的誇讚與感激。

三是客戶對先前做出的選擇產生了反悔的意願，這類客戶可能會無中生有地找出一些毛病來借題發揮。這種情況處理起來相對麻煩一些，因為抱怨的癥結點並不在於產品或者服務

第五章　銷售中的說話藝術—話到點子上，客戶自然下單

本身，而在於客戶自己的反覆。對於這類客戶，業務人員需要引導其重新肯定自我的判斷。因為容易搖擺反覆的客戶，之所以否定掉原來選擇的商品，也許只是他某個朋友的一句負面評價，或者因為看到其他同類型的產品看起來更實惠。這類型的客戶重新喜歡上他們原來的選擇並不困難，只要給他們一個合理的理由，其搖擺反覆的心理特徵會讓這一次也不例外。

第四類客戶通常屬於極為精明的買家，他們在抱怨的時候，往往在心裡已經對商品進行了理性和綜合的評估，有時甚至已經計算好了接受的底價與上限。他們的抱怨就不僅是抱怨那麼簡單了，他們通常把抱怨作為一個幌子，或者說抱怨只是他們對業務人員使用的一種心理戰術。

這類客戶的抱怨是一種心理震懾，讓業務人員在生意開始之前或者完成之後產生虧欠的感覺。他們透過抱怨商品或者服務的瑕疵，希望獲取進一步的優惠。這時候，他們的抱怨事實上是暗示業務人員進一步降價或提供一些額外的售後服務。這類客戶經常說的一句「臺詞」是：「價格不是問題，問題是你的商品服務……」但凡是標榜價格不是問題的客戶，往往問題就出在價格上。

最後一類客戶的抱怨通常是「醉翁之意不在酒」，這類客戶抱怨的真正目的是藉抱怨達到敲山震虎的效果，讓業務人員明白他對於產品服務的了解與在意程度，讓業務員在售後等環節

面對客戶抱怨，傻瓜才去硬碰硬

上不敢怠慢。

這類型客戶在心裡對於業務人員通常帶有一定的不信任情緒，或他們對自己做出的選擇是否恰當合理並無十足的把握。這時候抱怨成了他們驗證的最佳策略，他們往往會從某些側面對商品進行抱怨與批評，即讓業務員引起重視，另外也刺探業務員對此的反應，以印證自己的選擇判斷正確與否。一旦發現之前的判斷有偏差，瑕疵就成為了退出交易的最好理由。

在現實業務工作中，業務人員可能遭遇到的客戶抱怨五花八門，上述五個類型的歸納只是作為一種思考的線索，並不能完全涵蓋。作為一個業務人員，只有做好時刻接受抱怨的心理準備，才能夠以從容不迫的態度去應對客戶提出的種種問題，真正讀懂客戶抱怨的意圖。客戶的每一次抱怨都可以作為業務人員的一次磨練機會。只有在工作中經歷得更多，才能以平靜的心態去應對。

最後，我們需要跟讀者提醒，在讀懂客戶抱怨的基礎上，一定要積極並且及時地做出回應，因為敷衍和拖延並不是解決問題之道。在業務工作中，對於客戶的敷衍事實上就是對自身事業的敷衍。

第五章　銷售中的說話藝術─話到點子上，客戶自然下單

自尊心比生命更重要

　　每個人在潛意識中都有維護自身的人格與尊嚴不被輕視和侮蔑的傾向。千萬不要小看了這種傾向，自尊心對於人們而言，有時甚至比生命還重要。人們喜歡極力維護自尊心這點對於業務工作而言，是非常重要的事情。如果在業務工作中，業務人員不能意識到這點，往往會在無意中傷害了客戶寶貴的自尊，從而導致銷售活動提前以失敗告終。

　　在業務工作中，學會維護和強化客戶的自尊心不會太困難。在推銷產品和服務的過程中，業務人員首先要尊重客戶的利益和立場，不能只是考慮如何將產品推銷出去，如果心裡想的只是如何販賣產品以實現營利的話，往往會出現「片面推銷」的情況。片面推銷帶來的最大傷害就是，客戶往往覺得自己的智慧被嚴重低估。

　　何為「片面推銷」呢？我們來看下面一個現實中的事例，就能有一個清晰的了解了。

　　「你的產品有什麼缺點呢？」客戶在業務人員介紹完產品之後提出了這樣的問題。

　　「最新款的產品，採用的都是目前最先進的技術和材料，怎麼會有缺點呢？」業務人員信心滿滿地反問。

　　「起碼在我看來，你們的產品外殼採用的是工程塑膠，恐怕

有碰撞的話，容易碎裂吧？」客戶又追問。

「這只能說明您個人不喜歡，並不是產品本身的缺點，而且我們的產品是拿來正常使用，又不是拿來碰撞的……」業務人員反駁道。

至此，這單生意基本可以預見將會以不歡而散的結局收場。這種只強調優點而不明確提示缺點的銷售方式就是「片面推銷」。在這個案例中，業務人員所犯的典型錯誤就是一味強調產品自身的優點。業務人員希望客戶在產品優點的光環籠罩下，放棄理性的思考而購買產品。其實換個角度考慮一下，假設你是購買者，對於這種銷售方式，會有什麼樣的感覺呢？答案自然明瞭。

從上述的例子中，我們可以得到關於客戶自尊心的第二個注意要點，那就是在銷售中任何時候都不要去嘲笑客戶專業知識的匱乏，也不要試圖和客戶展開一較高下的辯論。

對於業務員和購買者來說，業務員掌握的產品和市場資訊絕大多數時候都是多於購買者的，所以客戶對於某些產品特性或者行業知識的空白，完全屬於正常現象，這並不是什麼值得嘲笑和鄙視的事情。

有些業務人員對於這一點缺乏清楚的認知，他們在銷售中總是好為人師，對客戶的一些不太專業的意見大加斥責，甚至會針對客戶提出的一些不準確的概念與客戶進行激烈的辯論，

第五章　銷售中的說話藝術—話到點子上，客戶自然下單

不把客戶辯到理屈詞窮誓不罷休。殊不知這樣的銷售方式並不會使客戶對業務人員心生感激，卻會傷害客戶的自尊心。

有一位從事銷售的朋友這樣總結道：「客戶即便是錯了，他們也不需要自作聰明的業務人員去證明他確實是錯了。」如果業務員在與客戶打交道的過程中不能讀懂客戶的這種心理，那麼結局往往是贏得了辯論卻輸掉了生意。

在銷售過程中，對於客戶提出的不同意見、懷疑甚至批判，不管其是否有理論依據，是否以事實出發，最好的處理方式是在尊重客戶自尊心的同時做出合理的解釋，而不要試圖以辯論的姿態去征服客戶。

客戶的自尊心對於業務工作來說，存在著上述這些容易對銷售結果造成負面影響的特性，但是事物總是具有兩面性的，有時客戶的自尊心也能夠為銷售帶來積極的促進作用。

阿志是一家汽車展示中心的業務人員。一天，店裡來了一位顧客要看車，阿志熱情地上前招呼。

「歡迎您到我店選車，很高興為您進行產品介紹和提供建議。請問您選購車子的主要用途是什麼呢？」

透過和這位顧客的交談，阿志了解到這位顧客是一位在辦公室裡工作的白領，這是他第一次購車，希望選購一輛價位適中的主流 A 級車作為交通代步工具。在到店之前，這位顧客已經透過各種途徑對所關注的車型進行了一定的了解。

「這款車最適合像您這樣的高薪族群了,您真的很有選車的眼光啊。」

「是嗎?我也是看了網站上的專題介紹才知道這款車的。」

「這款車子的外形時尚,底盤扎實,引擎排量適中,還能享受到減免稅費的優惠⋯⋯」

在熱情的推銷之下,顧客對這款車顯得十分滿意,但對於立刻簽署訂單卻仍然有些猶豫。

「雖然買這樣一部車子對於您來說,不是什麼大事情,但是慎重一些還是必要的。您不妨和家人商量一下,多徵求家人的意見。」

「不必了,就它吧。你們這裡可以刷卡吧?」

在銷售當中,如果想要利用客戶的自尊心來促進生意成交的話,最關鍵的訣竅就是採用暗示與恭維的方法,避免採用明示的方法。如果上述案例中,業務人員直接點出顧客做事沒有主見或者性格猶豫不決,恐怕效果就不一定是正面的了。

在銷售中採用明示的方式去激發客戶的自尊心,操作風險是很大的。因為對同一句話,每個人都有不同的理解,甚至有時候只是語調和重音不同,意思就完全改變了。使用明示的方法去刺激客戶的自尊心,很有可能由於表達或者理解的不同,被理解成攻訐,成為買賣雙方情緒對立的導火線。相對而言,暗示的方法要保險得多。

第五章　銷售中的說話藝術—話到點子上，客戶自然下單

讓步要「師出有名」才好

在銷售中，為你的客戶提供好處與幫助，然後等著客戶來回報你，這固然是一種存在的可能性，但這種方式有時候施行起來會存在一定的難度。一方面，客戶的興趣所在可能是你無法給予的，也可能是你不熟悉的；另一方面，這樣的方式過於直接，對人性有著深入理解的客戶很容易一眼看穿你的心思所在。尤其在銷售的過程中，人們對於利益的贈予往往較為敏感。

在銷售過程中，如果想要不露痕跡地使對方落入「投桃報李」的心理影響之中，適當的讓步往往能夠發揮出意想不到的效果。在人們的心裡，除了認為有責任回報別人的給予之外，也存在著給予相同諒解和退讓的心理效應。這就是俗話中常說的「人敬我一尺，我敬人一丈」。

身為業務員，做出適當的妥協與讓步，並不會使你在銷售過程中喪失主動權，相反，甚至有可能會產生以退為進的效果。你所做出的主動讓步，有時會讓對方傾向於做出同樣的妥協。因為在這種情況下，人們容易忘記了商業規範而用社會規範來處理共同面對的問題。

我曾親歷過這樣的一次銷售過程：

兩年前，我和一個同學相約一同去看望中學時代的老師。在拜訪老師之前，我們約在一家工藝品商店見面，準備挑選禮

物送給老師。

進了店,老闆熱情地過來招呼,問我們打算買什麼,做什麼用途。為了選到合適的禮物,我們把此行的目的和老闆大致溝通了一下。

在店裡逛了一會兒之後,同學看中了一件形態喜人的紫砂彌勒佛擺件。雖然那個擺件只是工業產品,並非價格很高的那種,但看起來很精緻。對同學的這個選擇,我也表示贊同。

於是我們向熱情的老闆詢問了價格。老闆把商品掉轉過來,指著貼在底座上的價籤說:「這件要 3,000 元。」

我們詢問老闆是否能優惠一些,老闆很乾脆地說:「我這店裡銷售的東西都是明碼標價的,而且都是報實價,利潤都不高,不能再優惠了。開一家店要很多成本支出……」

正當我和同學猶豫要不要再去其他店裡看看之際,老闆咬了咬牙,很真誠地對我們說:「難得你們有心去看望中學時候的老師,這件東西就當我進貨帶的,我不賺你們錢了,算你們八折好了。」

後面的情節很簡單,我們欣欣然地買下了這件「寶貝」,還不忘稱讚一下老闆的人品,說他心地善良,完全不是奸商。

直到過了一段日子之後,我在另外一家賣場看到了同樣的東西,標價只有 1,800 元。我這才恍然大悟:這位老闆真是太「狡猾」了,要買物件送師長的,他就以尊師重道為由賣貨;要送父母的,想必他就以至善至孝為由賣貨,我相信他一定不缺

第五章 銷售中的說話藝術—話到點子上，客戶自然下單

乏以退為進的藉口。

事實上，工藝品商店的老闆只是巧妙地運用了心理暗示，一方面他的讓步有理有據，讓人覺得很真誠，使人不好意思在他讓步的基礎上再砍價；另一方面，在讓步過程中，他把顧客抬到了一個高高的位置上——掛在了講情義有良心的十字架上，至此，人們就很難再下來了。在現實的銷售過程中，並不是所有讓步都會取得良好的效果，讓步是一項十分講求技巧的事情。

首先，在銷售過程中，你所做出的讓步必須影響你的客戶產生類似的傾向，或引發客戶對你所做讓步的同情感。否則，你的讓步就無法達成預期的目的，讓人覺得這只是例行公事而已。

其次，在關鍵問題上絕不能讓步，有些涉及滿盤輸贏的條件是不能拿來作為商業談判的交換籌碼的，否則會導致滿盤皆輸。事實也數次驗證，商業談判中在關鍵問題上先選擇放棄的一方，往往會失去對整個生意的掌控。這和戰爭中搶占要塞是一樣的道理。

再次，在商業場合中的讓步最好一步步實施，有些人經常以性格直爽為自己一次性亮出底牌做解釋。殊不知，這樣的方式在生意場上往往會使自己陷於很被動的境地。如果你是賣方，一次性讓步太多，買家會懷疑你包藏了更多的不利資訊；如果你是買方，一次性讓步太多，賣家會堅持之前已經提出的條件。

最後，你的讓步需要「師出有名」，完全沒有理由的讓步，會使你的客戶或者談判的對手覺得莫名其妙，甚至懷疑你之前開出的條件是否合理，沒有任何理由和藉口的讓步看起來更像演戲。

交流才能交心，交心才能交錢

推銷不僅要深入市場做調查，了解客戶的實際需求，還要了解客戶的心理，熱情招呼，和客戶打好關係，走進他的心裡成為朋友。

「很多年輕的業務員拜訪完客戶就回去了，甚至連招呼也不打。這怎麼能讓客戶喜歡你呢？一個成熟的業務員應該在拜訪完客戶，離開客戶的一兩天內，打電話或者發郵件給客戶，告訴客戶你已經離開了，謝謝他的招待，下次去拜訪時請他吃飯。假如以後真的需要請他吃飯，由於你事先已經做了請吃飯的語言鋪陳，請客戶出來也容易得多。」一位金牌業務員如是說。

老王和老李年齡相仿，在同一條街上賣豆腐，吆喝的腔調一樣悠長有餘韻，但兩人的生意卻不一樣，老王的生意總是比老李的好。老李覺得很奇怪，一樣白嫩的豆腐，一樣給足秤，這是為什麼呢？

後來，老李逐漸發現了其中的奧祕。同樣是賣豆腐，老王

第五章　銷售中的說話藝術—話到點子上，客戶自然下單

總是會比自己多說一句話。比如張阿姨去買豆腐，老王會邊秤豆腐邊問：「身體還好吧？」跑物流的趙大哥去買豆腐，老王會說：「工作多吧？」話語裡透著理解和關心。時間久了，大家都把老王當成了朋友，即使不需要豆腐，聽到他的吆喝，也要買一些放在冰箱裡，就為了聽一句充滿溫馨的問候。

賣豆腐的老王主動與客戶說話，交流感情，讓客戶感到，他不是在向他們推銷業務，而是在關心他們，為他們提供方便。這樣客戶才會認可他的產品和服務。

一家生意興隆的麵包房僱用了許多女售貨員。她們個個彬彬有禮，老主顧們都很喜歡她們。其中一名女售貨員尤其出色，就算顧客還在排隊或從別的售貨員處購買，她也會遠遠地微笑著看看顧客，準確地叫出他們的名字，向他們問好。她自己招呼顧客時更是熱情周到，臨了總是關切地問一句：「我還能為您做點什麼？」

有一天，店裡來了位陌生的女顧客，她看到這位售貨員後似乎想起了什麼，問道：「好幾年前您是否在××食品店工作？我常去那裡，對您印象很深刻，那時您是那裡最有禮貌的售貨小姐。」

這個例子證明了：即使個人接觸的時間很短，要打交道的人很多，或出於某種客觀原因表示熱情的方式受到限制，熱情總是會產生積極的作用。這是使自己脫穎而出與他人建立起特殊關係的一條捷徑。

交流才能交心，交心才能交錢

反之，待人接物缺乏熱情會十分讓人掃興。

一位瑞士畫家來到慕尼黑觀光。出了火車站，他高高興興地上了一輛計程車，去早已預定好的飯店。在去飯店的路上他想和司機聊聊，於是他選了天氣的話題來攀談：「今天總算看見太陽了，真是個好天氣！」計程車司機卻硬邦邦地甩出一句話：「這種天氣有什麼稀罕的。」

在合作的過程中，當你的客戶向你提出某些顯然你需要費些力氣才能完成的請求時，你不要顯出大吃一驚的樣子，也不要大發牢騷以引起他的同情，還請注意別把不滿的情緒寫在臉上，不要唉聲嘆氣，或扭扭捏捏，或一臉慍怒，或沉默冷淡，或冷冰冰、硬邦邦地答覆對方。

如果你做出的是類似上述的反應，可能會產生三種不利影響：首先，破壞了你自己的心情，降低了你的工作效率；第二，使對方注意不到你的實際工作成績；第三，對方會覺得你根本不尊重他，後悔與你合作。

因此，在與顧客交流時一定要表現出你的熱情。你的熱情會讓顧客感覺到你在重視他、關心他、與他站在同一立場上；熱情還表明你樂於善待和幫助他，與他同心協力。這樣一來，客戶就會覺得與你相處或合作非常愉快。

第五章 銷售中的說話藝術—話到點子上，客戶自然下單

讓客戶「占便宜」，而不要「賣便宜」

講解是推銷的重要環節之一。講解用語不是隨心所欲的詞語堆砌，不是平淡無味的說教，而是字斟句酌推敲過的宣傳語，是活躍推銷介紹氣氛的催化劑。好的推銷講解能夠吸引顧客的注意力，激發顧客的購買動機。因此，講解用語必須形象、生動。

但是，形象、生動並不意味著講解用語全是溢美之詞，這樣做容易給人華而不實的感覺，顧客亦會對你推薦的產品產生懷疑。結果，反倒影響了推銷介紹的效果。

有效講解的關鍵不在於用詞的華麗與否，而在於遣詞的確切、實在和恰如其分，能真實地反映推銷品的主要功能、特徵。為了達到這一要求，講解時應注意以下三點：

▌第一，盡量少用帶「最」字的限制詞

有的業務員很喜歡講自己的產品最好、最穩固等等，以表明商品的優點。其實，這樣講反而會引起顧客對推銷品的懷疑。再說，即使推銷品確實是市場上最好的，在顧客沒有真正從使用中得到效果之前，業務員僅靠語言也是很難令人信服的。因此，業務員應避免使用最高級的限定詞，以減少顧客購買時被不良心理影響。

讓客戶「占便宜」，而不要「賣便宜」

●第二，盡量少用無意義的形容詞

諸如漂亮、可愛、很好等文學語言，在推銷介紹中無多大實際意義。這些詞只能表達模稜兩可的概念，無法向顧客傳遞推銷品明確的資訊，還是少用、不用為好。過多地在講解中使用無意義的形容詞，會使顧客對業務員產生故弄玄虛的聯想，影響推銷介紹和講解說服的效果。

●第三，盡量少用「便宜」這類詞

俗話說，一分錢一分貨。商品的價格和商品的品質是密切相聯的。在現代商品經濟中，「便宜沒好貨」幾乎是商品定價的通例。當然，也有物美價廉的商品，但只是特例。品質和價格呈正比是經濟活動的規律。所以，業務員在推銷介紹中，一味突出商品的便宜容易使顧客產生商品粗製濫造的聯想。

美國蘋果公司創始人史蒂芬・賈伯斯曾說過：「消費者不是愛買便宜的商品，而是喜歡占便宜。」如果你提供的產品（或者服務）讓他覺得物超所值，而且，讓他產生「撿了大便宜」的感覺，價格再貴他也趨之若鶩。

所以，為了保證講解的效果，業務員應盡量少用或不用「便宜」這類提法。如果商品確實價廉物美，是市場上同類商品的佼佼者，而業務員又必須強調商品的價格特點，那麼他可以用另一種方式告知顧客，即以委婉的方式向顧客通報價格資訊。比如：說商品「物超所值」就比較得體。

187

第五章　銷售中的說話藝術—話到點子上，客戶自然下單

偶爾換換位，說話才到位

如果你要說服一個人做某件事，在開口之前，最好先問問自己：我怎麼樣才能使他願意去做這件事呢？成功人士往往都善於與別人合作，他們懂得站在對方的立場上考慮問題。

成功學大師卡內基每季都要租用紐約某家旅館的禮堂20個晚上，用以講授社交訓練課程。有一次，他做好授課的準備，突然接到通知，旅館的經理要漲禮堂的租金，租金是原來的三倍。當時，入場券已經印好，而且早就寄出去了，另外，其他開課的事宜也已辦妥。於是，他不得不去和旅館經理交涉。怎樣才能讓對方退讓呢？他們感興趣的當然是他們想要的東西。

兩天以後，卡內基找到旅館經理，說：「我接到你們的通知時，有點震驚。不過，這不怪你。假如我處在你的立場，或許也會寫出同樣的通知書。你是這家旅館的經理，你的責任是讓旅館盡可能得到更多的利潤。你不這麼做的話，你的經理職位可能就不保了。假如你堅持增加租金，那麼讓我們來猜想一下，這樣對你到底是有利還是不利。」

「先講有利的一面。禮堂租給用作舉辦舞會、晚會活動的場所，你可以獲得較高的利潤。因為舉辦這一類活動的時間並不長，所以他們願意一次付出高額的租金，比我能支付的金額多得多。租給我，顯然你吃大虧了。」

「現在，來說不利的一面。首先，你增加我的租金，卻降

低了收入。因為實際上你把我趕走了。由於我付不起你所要的租金,我勢必找別的地方舉辦訓練班。還有一件對你不利的事實。我的這個訓練班會吸引成千個有文化素養的中高層管理人員到你的旅館來聽課,對你來說,這難道不是個不用花錢的廣告嗎?事實上,你能花500美元在報紙上登廣告,但你不一定能邀請到這麼多人到你的旅館來參觀,而我的訓練班學員全被你邀請來了。這難道不划算嗎?」

講完後,卡內基說:「請仔細考慮後再答覆我。」當然,最後經理讓步了。

在卡內基獲得成功的過程中,沒有談到一句關於他要什麼的話,他是站在對方的角度想問題的。

可以設想,如果卡內基怒氣沖沖地跑進經理的辦公室,放開嗓門喊道:「這是什麼意思?我把入場券都印好了,而且已經寄出去了,開課的相關事項也準備就緒了,你卻要漲租金,這不是存心整人嗎?我才不付呢!」

想想,那該是怎樣的局面呢?大吵之下訓練班必然無法如期舉辦。即使他辯得過對方,旅館經理的自尊心也很難使他認錯並收回原來的決定。

設身處地地替別人想想,了解別人的觀點比一味地為自己的觀點和對方爭辯高明得多,不管是談生意還是說服下屬都是如此。

第五章 銷售中的說話藝術—話到點子上，客戶自然下單

說話高手的八項修練

好的口才不僅能夠充分地展示一名業務人員的個人魅力，而且能夠為自己的顧客帶來愉悅的享受。也許有些業務員會問：「我的口才天生不好，有補救方法嗎？」在這裡，我們明確地告訴大家，口才並不是一種天賦的才能，它是靠刻苦訓練得來的。古今中外口若懸河、能言善辯的演講家、雄辯家，無一不是靠刻苦訓練獲得成功的。

美國前總統林肯為了練口才，徒步30英里，到法院去聽律師們的辯護詞，一邊傾聽一邊模仿。他曾對著樹、樹樁、成行的玉米練習口才。

日本前首相田中角榮，少年時曾患有口吃，但他並沒有向命運屈服。為了克服口吃，練習口才，他常常朗誦、慢讀課文；為了準確發音，他一絲不苟地對著鏡子糾正嘴和舌頭的發音部位。

中國著名的數學家華羅庚，不僅有超群的數學才華，而且還是一位不可多得的「辯才」。他從小就注意培養自己的口才，學習國語，他還透過背誦唐詩來鍛鍊自己的「口舌」。

這些名人與偉人為我們訓練口才樹立了榜樣，我們要想練就過硬的口才，必須像他們那樣一絲不苟，刻苦訓練。正如華羅庚在總結練口才的體會時所說：「勤能補拙是良訓，一分辛苦一分才。」

練口才不僅要刻苦，而且要掌握一定的方法。科學的方法可以使你事半功倍，加速你口才的形成。當然，根據每個人的學識、環境、年齡等的不同，練口才的方法也會有所差異，但只要選擇最適合自己的方法，加上持之以恆的刻苦訓練，你就會擁有好口才。

速讀法

速讀法中的「讀」不是用眼去看，而是指朗讀，所以顧名思義，「速讀」也就是快速的朗讀。這種訓練方法的目的，在於鍛鍊人的口齒和發音。

方法：找一篇演講詞或一篇文辭優美的散文，先查出你不認識或者拿不準讀音的字詞，再開始朗讀。剛開始朗讀的時候語速要慢，然後逐次加快，最後用你能達到的最快速度。

要求：在讀的過程中不能有停頓，發音要準確，咬字要清晰，要盡量達到發聲完整；快必須建立在咬字清晰、發音乾淨俐落的基礎上。

許多人都聽過臺灣前體育主播傅達仁的解說，他的解說很有「快」的工夫。傅達仁解說的「快」，是快而不亂，每個字、每個音都發得十分清楚、準確，沒有含混不清的地方。我們希望達到的快就是他的那種快，咬字清晰，發音準確。

速讀法練習不受時間、地點的約束，只要手頭有一篇文章

第五章　銷售中的說話藝術—話到點子上，客戶自然下單

就可以練習。而且不受人員的限制，不需要別人的配合。當然你也可以找同學聽你的速讀練習，讓他幫你挑出速讀中出現的毛病，這樣做更有利於你有目的地進行改善、學習。你還可以用手機把你的速讀錄下來，自己聽一聽，從中找出不足，進行改進，如果有老師指導就更好了。

背誦法

背誦有助於鍛鍊我們的口才。這裡所說的背誦，不僅僅是要求你把某篇演講詞、散文背下來，而是要在「背」的同時朗誦。這種訓練的目的有兩個：一是培養記憶能力，二是培養口頭表達能力。

記憶是練口才必不可少的一種素養。沒有好的記憶力，要想培養出口才是不可能的。只有大腦中充分地累積了知識，你才可能出口成章，滔滔不絕。如果你的大腦空空如也，即使你生就伶牙俐齒，也回天乏術、於事無補。

記憶與口才一樣，不是一種天賦的才能，後天的鍛鍊對它同樣有著至關重要的作用，「背」正是對這種能力的培養。

「誦」是對表達能力的一種訓練。這裡的「誦」也就是我們常說的「朗誦」。它要求在準確把握文章內容的基礎上進行聲情並茂的誦讀。背誦法，不同於我們前面講的速讀法。速讀法的著眼點在「快」上，而背誦法的著眼點在「準」上。也就是你背的

演講詞或文章一定要準確，不能有遺漏或錯誤的地方，而且在咬字、發音上一定要準確無誤。

其方法如下：

- 第一步，先選一篇自己喜歡的演講詞、散文、詩歌；
- 第二步，對選定的範本進行分析、理解，體會作者的思想感情。這是要花點工夫的，需要我們逐字逐句地分析，推敲每一個詞句，從中感受作者的思想感情，並激發自己的感情；
- 第三步，對所選的文章進行一些藝術處理，比如找出重音、劃分停頓等，這些都有利於準確表達內容；第四步，在以上幾步工作的基礎上背誦。

背誦的過程，可分步進行：

- 第一步，進行「背」的訓練，也就是先將文章背下來。在這個階段不要求聲情並茂，只要達到熟練記憶就行，並在背的過程中，進一步領會作品的格調、節奏，為準確把握作品打下更堅實的基礎；
- 第二步，在背熟文章的基礎上大聲朗誦。將你背熟的內容大聲地背誦出來，並隨時注意發聲的正確與否，而且要帶有一定的感情；
- 第三步，是訓練的最後一步，即用飽滿的情感，準確的語音、語調背誦。

第五章　銷售中的說話藝術—話到點子上，客戶自然下單

練聲法

練聲也就是練聲音，練嗓子。在生活中，我們都喜歡聽那些飽滿圓潤、悅耳動聽的聲音，而不願聽乾癟無力、沙啞乾澀的聲音。所以鍛鍊出一副好嗓子，練就一腔悅耳動聽的聲音，是成為最受歡迎的業務員必做的一項工作。

練聲的方法如下：

● **第一步，練氣**

俗話說練聲先練氣，氣息是人體發聲的動力，就像汽車上的引擎一樣，是發聲的基礎。氣不足，聲音無力，用力過猛，有損聲帶。所以我們在練聲前，首先要學會用氣。

- 吸氣。吸氣要深，小腹收縮，整個胸腔要撐開，盡量把更多的氣吸進去。我們可以體會一下，你聞到一股香味時的吸氣法。注意吸氣時不要提肩。
- 呼氣。呼氣要慢慢地進行。要讓氣慢慢地撥出。因為我們在演講、朗誦、論辯時，有時需要較長的氣息。只有呼氣慢而長，才能達到這個目的。呼氣時可以把兩齒基本合上，留一條小縫讓氣息慢慢地通過。

● **第二步，練聲**

我們知道人類語言的聲源在聲帶上，也就是說我們的聲音是透過氣流振動聲帶而發出來的。在練發聲以前先要做一些準

備工作。先放鬆聲帶，用一些輕緩的氣流振動它，讓聲帶有點準備。先發一些輕慢的聲音，千萬不要張口就大喊大叫，那會破壞聲帶。這就像我們在做激烈運動之前，要做些準備活動一樣，否則就容易使肌肉拉傷。

聲帶活動開了，我們還要在口腔上做一些準備活動。我們知道口腔是人的一個重要共鳴器，聲音的洪亮、圓潤與否與口腔有著直接的連繫，所以不要小看口腔的作用。人體還有一個重要的共鳴器——鼻腔。有些人在發聲時，只會在喉嚨上用力，根本就沒有使用胸腔、鼻腔這兩個共鳴器，所以聲音單薄，音色較差。練習用鼻腔共鳴的方法是學習牛叫。但我們一定要注意，在平日說話時，不能只用鼻腔共鳴，否則說話時會鼻音太重。

我們還要特別注意，練聲時，千萬不要在清晨剛睡醒時就到室外練習，那樣會使聲帶受到損害。特別是室外與室內溫差較大時，不要張口就喊，那樣，冷空氣進入口腔後，會刺激聲帶。

第三步，練習咬字

咬字表面上看似乎離發聲遠了些，其實兩者是息息相關的。只有發音準確無誤、清晰、圓潤，咬字才能「字正腔圓」。

每個字都是由一個音節組成的，而一個音節我們又可以把它分成字頭、字腹、字尾三部分，咬字發聲時一定要咬住字頭，嘴唇一定要有力，把發音的力量放在字頭上，利用字頭帶響字腹與字尾。

第五章 銷售中的說話藝術—話到點子上，客戶自然下單

字腹的發音一定要飽滿、充實，口形要正確。發出的聲音應該是立著的，而不是橫著的，應該是圓的，而不是扁的。字尾，主要是歸音。歸音一定要到家，要完整。也就是讀字不要讀半截，要把音發完整。當然字尾也要收住，不能把音拖得過長。

如果按照以上的練習要求去做，那麼你的咬字一定清晰、準確，你的聲音也會變得悅耳動聽。

複述法

複述法就是把別人的話重複地敘述一遍。這種訓練方法的目的，在於鍛鍊人的記憶力、反應力和語言的連貫性。其方法如下：

選一段長短合適、有一定情節的文章，最好是小說或演講詞中敘述性強的一段，然後請朗誦較好的同學進行朗讀，最好能用錄音機把它錄下來，然後聽一遍複述一遍，反覆多次地進行，直到能完全把這個作品複述出來。複述的時候，你可把第一次複述的內容錄下來，然後對比原文，看你能複述下多少，重複進行，然後計算一下，看看自己多少遍之後才能把全部的內容複述下來。這種練習絕不單單在於背誦，而在於鍛鍊語言的連貫性。如果能面對眾人複述就更好了，它還可以訓練你的膽量，幫你克服緊張心理。

剛開始練習時，最好選擇句子較短、內容簡單的範本進行，這樣便於你把握、記憶、複述。隨著訓練的深入，你可以逐漸選

一些句子較長、情節多的範本進行練習。這樣由易到難，循序漸進，效果會更好。

這種練習一定要有耐心與毅力。有些同學一開始就選用那些長句子、情節多的文章作為訓練範本，結果常常是欲速則不達。這就像我們學走路一樣，沒學會走就要學跑是一定會摔跤的。而且這個訓練有時顯得很煩瑣、麻煩，甚至是枯燥乏味，這就需要我們要有耐心與毅力，要知難而進，勇於吃苦，不怕麻煩。

模仿法

模仿的過程也是一個學習的過程。我們練口才也可以利用模仿法，向這方面有專長的人模仿。這樣天長日久，我們的口語表達能力就能得到進步。其方法如下：

第一，模仿專人

在生活中找一位口語表達能力強的人，請他講幾段最精采的話，錄下來，供你進行模仿。你也可以把你喜歡的、又適合你模仿的播音員、演員的聲音錄下來，然後進行模仿。

第二，專題模仿

幾個好朋友在一起，請一個人先講一段小故事，然後大家輪流模仿，看誰模仿得最像。為了提高積極性，可以採用計分

第五章　銷售中的說話藝術—話到點子上，客戶自然下單

的形式，大家一起來評分，表揚模仿最成功的一位。這個方法簡單易行，且有娛樂性，只要有三四個人就能進行。

所要注意的是，每個人講的小故事，一定要新鮮有趣，大家愛聽愛學。而且在講以前一定要進行一些準備，要講準確、生動、形象，千萬不要把一些錯誤的東西加進去，否則模仿的人跟著錯了，害人害己。

●第三，隨時模仿

如果你每天都聽廣播、看電視和電影，那麼你就可以隨時對播音員、演員進行模仿，注意他們的聲音、語調、神態、動作，邊聽邊模仿，邊看邊模仿，天長日久，你的口語能力就會進步。而且這樣做會增加你的詞彙量，增長你的文學知識。但是切記，一定要盡量模仿得像，要從模仿對象的語氣、語速、表情、動作等多方面進行模仿，並在模仿中有創造，力爭在模仿中超過對方。

在進行這種練習時，要注意選擇適合自己的對象進行模仿。要選擇那些對自己身心有好處的語言、動作進行模仿，有些人模仿力很強，可是在模仿時不夠嚴肅認真，專揀一些髒話進行模仿，久而久之，就形成了一種低階的趣味，我們不提倡這種模仿方法。模仿法是一種簡單易學、娛樂性強、見效快的方法，尤其適合學生練習。

描述法

描述法類似於看圖說話，只是我們要看的不僅僅是書本上的圖，還有生活中的一些景、事、物、人，而且要求也比看圖說話高一些。簡單地說，描述法就是把你看到的景、事、物、人用描述性的語言表達出來。

描述法比以上的幾種訓練法更進了一步，沒有現成的演講詞、散文、詩歌等做你的練習範本，而要求你自己去組織語言進行描述。所以描述法訓練的主要目的就在於訓練人們的語言組織能力和語言的條理性。

無論是演講、說話，還是論辯都需要較強的語言組織能力，沒有這種能力也就不可能有一張懸河之口，語言組織的能力是口語表達能力的一項基本功。

其方法是將一幅畫或一個景物作為描述的對象。第一步，對要描述對象進行觀察；第二步，描述。描述時一定要抓住景物的特點，要有順序地進行描述。其要求是：抓住特點進行描述，語言要清楚、明白、生動、活潑，要有一定的文采；要講點順序，不要東一句，西一句，南一句，北一句的，你描述出的東西要讓人聽了以後能知道它是什麼。描述的時候允許有聯想與想像。

比如：你觀察到秋天的湖邊有一位白髮蒼蒼的老爺爺孤獨地坐在斑駁陸離的樹蔭下，你就可能有一種聯想，你可能想到了自己的爺爺，也可能想到這個老人的生活晚景，還可能想到

第五章 銷售中的說話藝術—話到點子上，客戶自然下單

「夕陽無限好，只是近黃昏」這個詩句……那麼在描述的時候，你就可以把這一切都加進去，使你的描述更充實、生動。

角色扮演法

角色一詞，我們是從戲劇、電影中借用來的，是指演員扮演的戲劇或電影中的人物。我們這裡的角色，與戲劇、電影中講的角色，有著相同的意義。

角色扮演法，就是要我們學演員那樣去演戲，去扮演作品中出現的不同人物，當然這個扮演主要是在語言上。其方法是：

第一步，選一篇有情節、有人物的小說或戲劇為範本；第二步，對選定的範本進行分析，特別要分析人物的語言特點；第三步，根據作品中人物的多寡，找人分別扮演不同的角色，比比看誰最能成功地扮演自己的角色；第四步，一個人可以扮演多種角色，以此培養自己的語言適應力。

這種訓練的目的，在於培養人的語言適應性、個性，以及適當的表情、動作。

這種訓練法重在「演」，它有別於對朗誦的要求。它不僅要求扮演者聲音洪亮，充滿感情，停頓得當，還要求繪聲繪色、維妙維肖地把人物的性格表現出來，而且要配有一定的動作和表情。從這個角度看，這個訓練是有一定難度的。但只要朝著這個方向努力，我們就會成功。

講故事法

學習講故事是練口才的一種好方法。

講故事,可以訓練人的多種能力。因為故事裡面既有獨白,又有人物對話,還有描述性的語言、敘述性的語言,所以講故事可以訓練人的多種口語表達能力。其方法是:

● 第一,分析故事中的人物

故事的情節和主題大都是透過人物的語言、行動表現出來的,所以我們在講故事以前就要先研究人物的性格特徵,以及人物之間的關係。比如:我們要講《國王的新衣》這個童話故事,那麼你就要分析其中的幾個人物的性格,然後把國王的愚蠢無知,騙子的狡詐陰險,大臣的阿諛奉承、不分是非,乃至小孩的天真無邪都用語言表現出來,這是一項十分艱鉅的工作。

● 第二,掌握故事的語言特點

故事的語言不同於其他文學形式的語言,其最大的特點是口語性強、個性化強。所以當我們拿到一個範本的時候,不要馬上就開始練習,而是先把範本改造一下,改成適合我們講的故事。

● 第三,反覆練講

對範本做了以上的分析、加工以後,我們就可以開始練講了。透過反覆練講達到對內容的熟悉,使自己的感情與故事中

第五章　銷售中的說話藝術—話到點子上，客戶自然下單

人物的感情相融合。另外，還要邊練講邊注意設計自己的表情、動作。看看你講故事時的表情、動作是不是與你講的內容相一致。

講故事法的要求是：發音準確、清楚，平舌音、捲舌音、四聲都要清楚；不要照本宣科，那樣就成了「背」故事，要用自己的語言去講。

因為每個人都是很喜歡聽故事的，所以對於業務人員來說，如果用講故事的方式來介紹自己的產品，就能夠產生吸引顧客的作用，而取得很好的推銷效果。

除了上面我們提到的練口才的幾種最基本的方法之外，業務人員還應該每天閱讀書籍，尤其是勵志書或口才書，增加自己的知識儲備和詞彙量的同時，還可以培養自己的積極心態，學到一些具體的表達技巧。

有人說：「在這個世界上，我們唯一可以依靠的人就是我們自己。」而好的口才，也在於平時我們自己的累積和鍛鍊。所謂「厚積薄發」是有一定道理的，因為言語是以生活為內容的，有生活，有實踐經驗，才有談話的內容；有豐富的生活內容，有豐富的實踐經驗，談話的內容才能豐富起來。

因此，對於時事、國際大事，業務人員都要經常關心，以吸取對我們有用的東西。對於所見所聞，也都要加以思考、研究一番，盡量去了解其發生的過程、意義，從中悟出一些道理。

這些都是學習和累積知識的機會。

作為業務人員，如果你不安於做一隻井底之蛙，有奮發向上的目標，那麼就應靜下心來努力地學習，拓展自己的視野；你若不想說話空洞無物，招致客戶的不待見，那就應下定決心武裝自己的頭腦，讓自己說話的內容豐富起來。

第五章 銷售中的說話藝術—話到點子上，客戶自然下單

第六章

解讀「微反應」

── 捕捉客戶已經被說服的細微徵兆

第六章　解讀「微反應」—捕捉客戶已經被說服的細微徵兆

一堂觀察課

醫學院一年級的學生排隊走進階梯教室，上最後一節王教授的人體生理課。王教授是這所大學資歷最老的教授，頗有聲望，因紀律嚴明而讓學生又敬又怕。所以，當他右手拿著包包走進來時，這間大教室裡鴉雀無聲。

王教授走上講臺，從他的醫用包裡取出一個裝有黃色液體的量杯，放到面前的講桌上。然後他開始說：「今天我想和你們討論一個話題。」他的聲音帶點火藥味：「我聽到一個傳聞，說我對你們這些學生太嚴格，作業給得太難，讓你們花的時間太多。」

王教授停頓了一下，觀察他面前階梯座位上學生們的表情。「好吧，讓我告訴你們。」他嚴厲地說，「你們真是不知道你們現在有多輕鬆！我上醫學院的時候，做的事跟你們一樣多，花的時間也和你們一樣多，況且我們那時還沒有這些奢侈的儀器，也沒有現代的實驗室，而對這些東西你們現在已經習以為常了。舉個例子來說吧，你們怎麼檢驗糖尿病？」

坐在第四排的一個女生回答說：「可以先採集尿樣，然後送去化驗室化驗。」

「可以，」王教授回答說，「然後呢？」

「然後拿回化驗單，根據化驗結果決定如何治療。」

「沒錯。」王教授大聲說道，「然而，在我們那個年代還沒有

這些裝備精良的化驗室,也沒有診斷室。很多時候我們必須自己動手化驗,沒有任何人的幫忙。比方說,你知道我是怎麼化驗糖尿病的嗎?」

女生迷茫地搖了搖頭說:「不知道。」

「我來告訴你我是怎麼化驗的:用嘴嘗。」

這下女生難以置信地搖了搖頭。

「如果尿樣是甜的,那麼病人就有問題。」他拿起講桌上那個裝滿黃色液體的量杯繼續說,「這是我從化驗室拿來的尿樣,你們知道嗎?我可從來都沒有喪失診斷的能力。」王教授一邊說著,一邊用他的手指沾了點尿樣,然後用舌頭舔了舔。

「太噁心了!」這位女生大聲說道,其他同學類似的反應也表示,這位女生並不是唯一覺得噁心的人。

「嘿,至少不是糖尿病。」王教授說道,一邊還從實驗工作服的口袋裡抽出手帕,將手指擦乾淨。但這一舉動看來並沒有讓那些目睹這一「診斷」的學生停止騷動,他們一個個不停地竊竊私語,直到王教授命令他們安靜才有所收斂。

「我想,現在你們有些人一定在納悶為什麼我要做這樣一個示範。」他把量杯放回講桌繼續說道,「其實有兩個原因。第一,我是想提醒你們,醫學院從來都不是個讓人輕鬆的地方。要是你無法承受這種壓力,現在你就該離開這個教室。那麼,作為一個一直提醒你們學醫有多難的人,我想讓你們每一個人都到講臺上來,按照我剛才做的再做一遍。」他輕輕敲打著裝滿尿液

第六章　解讀「微反應」—捕捉客戶已經被說服的細微徵兆

的量杯說，「我想讓你們嘗嘗學醫究竟可以苦澀到什麼程度。」

王教授說完，沒有一個學生離開座位。「來啊！現在可不是你們害羞的時候。」

還是沒人動。

「那麼，不如來點小刺激說服你們。」王教授提議說，「你們必須過了這關，才能繼續你們的學業。所以，如果你們不照我說的做，我就馬上讓你們不及格，你們也好早日離開醫學院。」

這麼一說，看似發揮了效果。學生們不情願地走到講臺上，緊張不安的情緒顯而易見。他們將手指伸進量杯，嘗了尿樣，然後立刻衝到洗手間，之後才回到自己的座位上。

等每個人都回到教室後，王教授又開始說：「做這個示範還有第二個原因，和之前的原因同樣重要，甚至更為重要。」話說到一半，他把量杯放回醫用包裡，又繼續強調剛才他的話。「尿樣診斷示範的第二個原因是，教會你們在進行醫務工作時觀察的重要性。也許某天你在為病人做檢查的時候，從他們口裡說出的是一回事，而他們的肢體語言告訴你的卻是另一回事。如果你仔細觀察他們，也許就能發覺不對勁的地方，並且在考慮多方面資訊的基礎上，做出準確的診斷。」

「那觀察到底有多重要？」王教授說最後一句話的時候，一不小心露出了一絲微笑，「如果你們剛才仔細觀察我的動作，你們會發現沾了尿液的是我的食指，而我舔的卻是我的中指！」

故事很幽默，意義卻很深刻：觀察──周全又細緻的觀

察──對於如何閱人，如何成功地察言觀色來說的確非常重要。

問題在於，大多數人一輩子只會看卻看不出真正的門道。也就是說，他們只是盡最小的努力去觀察，周遭的一切只是從他們的眼前一晃而過。這樣的人並不留心世界的細微變化，也不可能感知豐富多彩的生活畫卷，更不用說能夠分辨沾上尿液的是中指還是食指。

這些沒有觀察能力的人所缺乏的東西，用飛行員的行話來說，就是「環境感」，一種時時刻刻都知道自己身在何處的方位感。在這些人的腦海裡，對於周圍是怎樣的環境沒有明確的概念。讓他們走進一個擠滿人的陌生房間，給他們一次機會環顧四周，然後要求他們閉上眼睛，說出看到的東西。也許你會懷疑，沒有導盲犬，他們怎麼可能走得出這個房間？

這些人就是那些對生活的細微變化視若無睹的人。

「我的一個老客戶剛剛提出了不再續約，而我從來沒發覺他有這樣的打算。」

「我兒子已經吸毒五年了，之前我卻一點也不知道。」

「我和這傢伙爭執不下，這畜生給了我一拳，我看都沒看見。」

諸如此類的話，就是出自那些從來不知該如何有效觀察的人之口。其實這種無能也不足為奇。畢竟從小到大，沒人教過我們該如何進行觀察。我們所接受的教育，無論是小學、中學還是大學，都沒有教人觀察的課程。我們的課堂上也從來沒有出現

第六章　解讀「微反應」—捕捉客戶已經被說服的細微徵兆

「王教授」。如果你掌握了觀察的本領，那麼你是幸運的。如果不是，那你這一輩子會錯過多少可以幫助你達到目的的有用資訊呢？數量多到讓你難以置信！

　　成功地讀人——學習非語言行為、解碼微反應背後的心理祕密和利用非語言行為來預測人們的行動——是一件值得你花時間的事情，也會對你所付出的精力給予豐富的回報。

　　希望所有業務人員都能夠像英國推理小說家柯南・道爾說的那樣，透過培養自己敏銳的洞察力、準確的判斷力，從一滴水上推測出大西洋的存在。從交談中的一個小動作推測出客戶的所思所想，及早採取恰當的應對之策。

沒表情不等於沒感情

　　臉部表情在反映一個人的情緒中占有很重要的地位，它是鑑別情緒的主要標誌。人類的心理活動非常微妙，但這種微妙常會從表情裡流露出來。人們在歡欣喜悅時會表現出高興的表情，臉頰的肌肉會鬆弛；人們在憤怒時會表現出扭曲誇張的表情；人們在嫉妒別人時會表現出喜怒無常的表情；人們在遇到悲哀的狀況時，自然會淚流滿面。

　　不過，也有些人不願意將這些內心活動讓別人看出來，單從表面上看，就會讓人判斷失誤。從表情窺探他人的內心祕密貌似

簡單，實際上並不容易。

美國心理學家曾經做過這樣的實驗，讓幾個人用表情表現憤怒、恐怖、誘惑、漠不關心、幸福、悲哀這六種感情，並用攝影機錄下來。然後，讓人們猜哪種表情表現哪種感情。結果平均每人只有兩種判斷是正確的，當表現者做出的是憤怒的表情時，看的人卻認為是悲哀的表情。

在一次洽談會上，客戶笑嘻嘻的完全是一副滿意的表情，使業務員很安心地覺得交涉成功了。但對方卻說了一句「我明白了，你說得很有道理，我一定考慮考慮」，最後的結果可想而知。

在很多時候，人們縱使情緒很激動，也會偽裝成毫無表情，或者故意裝出某種相反的表情，所以如何去探測對方的表情底下所隱藏的真實情緒，對探測者的觀察力提出了更高的要求。在以表情突破對方心理時要注意以下兩方面：

■沒表情不等於沒感情

生活中，我們有時會發現有些人不管別人說了什麼，做了什麼，他都一副無表情的面孔。碰到這樣的人，許多人都感到十分頭痛。其實，沒表情不等於沒感情，因為內心的活動，倘若不呈現在臉部的肌肉上，那就顯得很不自然，越是沒有表情的時候，越可能是感情更為衝動。

例如：有些職員不滿主管的言行，卻又敢怒不敢言，只好故意裝出一副面無表情的樣子。事實上，不管如何壓抑那股憤

第六章　解讀「微反應」─捕捉客戶已經被說服的細微徵兆

怒的感情，內心的不滿依然很強烈，如果仔細觀察他的面孔，會發現他的臉色不對勁。人們經常把這種木然的面孔稱為「死人」似的面孔，也就是說他像死人一樣面無表情，神色漠然。這種「死人」似的面孔本身就是一種不自然的表現。

此外，雖然這類人努力使自己喜怒不形於色，但倘若內心情緒強度增加的話，他們的眼睛往往就會馬上瞪得很大，鼻孔會顯皺紋，或在臉上出現抽筋現象。所以，如果看見對方臉上忽然抽筋，那就表示在他的深層意識裡，正陷入激烈的情緒衝突中。

如果碰到這種人，最好不要直接去指責他，或者當場給他難堪。當看到部屬臉色蒼白、臉部抽筋時，主管最好這樣說：「最近是不是心情不好，如果你有什麼不快，不妨說出來聽聽。」以設法安撫部屬正在竭力壓抑的情緒。

死板的面孔或抽筋的表情，至少可以暗示上下級關係正陷入低潮，這時最好開誠布公地交換意見，以消除誤解，改善雙方的關係。

毫無表情，有時候也可能代表好意或者愛意。尤其是女性，倘若太露骨地表現自己的愛意，似乎為常情所不許，於是便常常表露出相反的表情，裝著一副對對方毫不在乎的樣子。其實這種表面上的漠不關心，骨子裡卻是十分關心在意的。

沒表情不等於沒感情

●憤怒悲哀或憎恨至極點時也會微笑

通常人們說臉上在笑、心裡在哭的正是這種類型。縱然滿懷敵意，但表面上卻要裝出談笑風生，行動也落落大方。

人們之所以要這樣做，是覺得如果將自己內心的欲望或想法毫無保留地表現出來，無異於違反社會的規則，甚至會引起眾叛親離的現象，或者成為大眾指責的罪魁，恐怕受到社會的制裁，不得已而為之。

關於這一點，最好的例子就是夫妻吵架。丈夫和妻子剛結婚時，感情很好，常常形影不離。可是，隨著生活的日漸平淡，彼此都熟悉了婚後的生活，再也沒什麼新鮮感了，就常常為柴米油鹽醬醋茶的瑣事而吵架了。

起初丈夫和妻子一有不滿，就互相爭吵，各不相讓，但吵過後，兩人堅持不了幾個小時又和好了。後來，隨著吵架次數的增加，這好像成了家常便飯，他們誰也不願再理睬對方，而進入了冷漠的階段。

但這也不是辦法，他們還要面對家人和朋友。為了不讓別人看出來，他們逐漸過渡到有別人在場的時候，彼此顯得關係還不錯、很恩愛；而一旦只有他們獨處時，家裡則靜悄悄的，互不打擾。

漸漸地，沒人在的時候他們也開始說話了，但這並不是盡棄前嫌，只是有時候有一些不得不說的話而已。當彼此間的不

第六章 解讀「微反應」─捕捉客戶已經被說服的細微徵兆

可調和發展到極端時,不快樂的表情逐漸消失,他們的臉上反而呈現出一種微笑,態度上也顯得卑屈而又親切。

怪不得一位經常審理離婚案的法官說,當夫婦間任何一方表現出這種態度時,就表明夫妻關係已到了不可調和的地步了。

由此可見,觀色常會產生誤差。滿天烏雲不見得就會下雨,笑著的人未必就是高興。很多時候,人們把苦水往肚裡咽,臉上卻是一副高興的樣子。反之,臉拉沉下來時,說不定心裡在笑呢!毫無異議的是,人們都確信臉部表情在交流思想、感覺和情感方面發揮著非常重要的作用。

眼睛比嘴巴更會說真話

希臘神話裡有這樣一個故事:若被怪物三姐妹中的梅杜莎看上一眼,人立刻就會變成石頭。說白了,這是將眼睛的威力神化了。

從醫學上來看,眼睛在人的五種感覺器官中是最敏銳的,大概占感覺領域的70%以上,因此,被稱為「五官之王」。孟子云:「存乎人者,莫良於眸子,眸子不能掩其惡。胸中正,則眸子瞭焉,胸中不正,則眸子眊焉。」從眼睛裡流露出真心是理所當然的,「眼睛是心靈之窗」。

深層心理中的欲望和感情,首先反映在視線上,視線的移

動、方向、集中程度等都表達不同的心理狀態，觀察視線的變化，有助於人與人之間的交流。爬上窗臺就不難看清屋中的情形，讀懂人的眼色便可知曉他的內心狀況。

眼睛看人的方法由來已久。人的個性是一成不變的，無論其修養工夫如何深遠。更好的如俗語所說，「江山易改，本性難移」。

性為內、情為外；性為體、情為用；性受外來的刺激，發而為情。刺激不同，情就不同。情所表現的最顯著、最難掩的部分，不是語言，不是動作，也不是態度，而是眼神。言語、動作、態度都可以用假裝來掩蓋，而眼神是無法假裝的。

在與客戶進行交談時，業務人員要怎樣從對方的眼神裡探出對方的真正意圖呢？我們看眼睛，不重大小圓長，而重在眼神。

- 你見他眼神沉靜，便可明白他對於你著急的問題，早已成竹在胸，穩操勝券。向他請示辦法，表示焦慮，如果他不肯明白說，這是因為事關機密，不必要多問，只靜待他的發落便是。

- 你見他眼神散亂，便可明白他也是毫無辦法，徒然著急是無用的，向他請示，也是無用的。你得平心靜氣，另想應付辦法，不必再多問，多問只會增加他六神無主的程度，這時是你顯示本能的機會，快快自己去想辦法吧！

第六章　解讀「微反應」—捕捉客戶已經被說服的細微徵兆

- 你見他眼神橫射，彷彿有刺，便可明白他異常冷淡，如有請求，暫且不必向他陳說，應該從速藉機退出，即使多逗留一會兒也是不適當的。退而研究他對你冷淡的原因，再謀求恢復感情的途徑。

- 你見他眼神陰沉，應該明白這是凶狠的訊號，你與他交涉，須小心一點。他那一隻毒辣的手，正放在你的背後伺機而出。如果你不是早有準備想和他見個高低，那麼最好從速鳴金收兵。

- 你見他眼神流動異於平時，便可明白他是胸懷詭計，想給你點苦頭嘗嘗。這時應步步為營，不要輕易接近，前後左右都可能是他安排的陷阱，一失足便跌翻在他的手裡。不要過分相信他的甜言蜜語，這是鉤上的餌，是毒物外的糖衣，要特別小心。

- 你見他眼神呆滯，唇皮泛白，便可明白他對於當前的問題惶恐萬狀，儘管口中說不要緊。他雖未絕望，也的確還在想辦法，但卻一點也想不出所以然來。你不必再多問，應該退去考慮應付辦法。如果你已有辦法，應該向他提出，並表示有幾成把握。

- 你見他眼神似在發火，便可明白他此刻是怒火中燒，意氣極盛，如果不打算與他決裂，應該表示可以妥協，速謀轉機。否則，再逼緊一步，勢必引起正面的劇烈衝突了。

- 你見他眼神恬靜，面有笑意，你可明白他對於某事非常滿意。你要討他的歡喜，不妨多說幾句恭維話，你要有所求，這也是個好機會，相信一定比平時更容易滿足你的希望。
- 你見他眼神四射，神不守舍，便可明白他對於你的話已經感到厭倦，再說下去必無效果。你應該趕緊告一段落，或趁機告退，或者尋找新話題，談談他所願意聽的事。
- 你見他眼神凝定，便可明白他認為你的話有一聽的必要，應該照你預定的計畫，婉轉陳述。只要你的見解不差，你的辦法可行，他必然是樂於接受的。
- 你見他眼神下垂，連頭都向下傾了，便可明白他是心有重憂，萬分苦痛。你不要向他說快樂事，因為那反而會加重他的苦痛；你也不要向他說苦痛事，因為同病相憐越發難忍；你只好說些安慰的話，並且從速告退，多說也是無趣的。
- 你見他眼神上揚，便可明白他不屑聽你的話，無論你的理由如何充分，你的說法如何巧妙，還是不會有高明的結果，不如戛然而止，退而求接近之道。

總之，眼神有散有聚，有動有靜，有流有凝，有陰沉有呆滯，有下垂有上揚，仔細參悟之後，必可發現人情畢露。

第六章　解讀「微反應」—捕捉客戶已經被說服的細微徵兆

業務員注意了，舌頭不能隨便吐

儘管舌頭是身體的一個器官，但因為它可以露在外面，因而成了身體語言的媒介，可以用來表達及發現恐懼、欲望、拒絕，以及侵犯他人的訊息。而所有這些都可追究到嬰兒被餵食的本能反應。

例如：有許多敏感、脆弱，帶點神經質的人，經常有「咬東西」的動作，追根溯源，即嬰兒飢餓時含住母親乳頭才覺得心安這種原始本能的再現。因此，「咬東西」是一種「口腔安慰」裡的「自我安慰」。它是嬰兒時期因為某些不知道的原因而形成的習慣性焦慮所造成的。嬰兒時的吮手指，小時候的咬指甲，長大後的咬原子筆、咬香菸，咬的東西雖不同，但內在那種意識深處的焦慮不安是一樣的。

在舌頭的動作裡，更值得討論的，乃是用舌頭表達「拒絕」的各種動作。

例如：當人們受到巨大的驚嚇，除了目瞪口呆、雙手平舉、掌心向外，還會經常把舌頭長長地露出來。這些動作，它的符號意義以前一直令人費解。但到了現在，大家已同意，這是一種誇大的「拒絕」動作。雙手平舉，手心向外，是一種想要把可怕推開的動作，而舌頭被長長地吐出來，也和嬰兒用舌頭推開他不要的食物一樣，是在表達拒絕，只是這種拒絕的程度更大了一些。

由於上面這種動作是自己嚇到時的身體語言,於是,當人要侵犯別人時,就會「己所不欲而施於人」,用這種動作來侵犯別人。這就是「侵犯式的吐舌頭」,這也就是所謂的「吐舌頭,扮鬼臉」。這種動作之目的在於嚇人,無禮地侮辱人,但它的根本仍是「拒絕」,以及轉化成的「輕蔑」。

當人們碰到某種小驚嚇、小意外、小尷尬,就會吐舌頭。但這種吐舌頭不會太久,吐了一下就很快地縮了回去。這種形態的吐舌頭,在很多幼稚園學童身上都非常容易看到。這樣的吐舌頭,所表達的乃是程度最輕微的拒絕。由於這種動作並無侵犯性,而且多發生在幼童身上,儘管幼稚園老師會在幼童伸舌頭後加以制止,但這種動作畢竟還是存續了下來,成為一種「裝可愛」的表現,用來表達不是那麼嚴重的小緊張、小驚嚇、小尷尬。

吐舌頭除了表示拒絕外,還可能會表達出這樣一種心理:無論老幼、不分男女都是這樣,那就是「僥倖逃過一劫」。

許多年以前,我想買一部好車。我去經銷商處對業務員說:「我願意以這個價錢買下這輛車。」業務員和我討價還價了一會兒後,使了慣用的一招說道:「好吧,讓我問問我們的經理。」於是,他去找經理,我就走出他的辦公室,隨便走走。

幾分鐘後,我碰巧瞥見那個業務員和他的經理在一扇玻璃門後交談。雖然我聽不見他們在說什麼,但是我可以很清楚地看到他們的一舉一動。我看到那個業務員在和他的經理說完話之後,正要走回來和我說話之前,做了一個吐舌頭的動作,雖

第六章　解讀「微反應」─捕捉客戶已經被說服的細微徵兆

然動作很快,但是我絕對不會看錯。

我回到那個業務員的辦公室,等著他回來。他沒多久就回來了,突然走進門對我說:「我們經理認為我給你的價格已經是最好的價格了。」

我反問道:「你的意思是,這是你們能接受的最低價了?」

「是的。」他回答說。

「沒有再商量的餘地了?」我用一種追根究柢的語氣說道。

「真的沒了。」他點頭說,「這是我們的最低價了。」

「既然是這樣的話,謝謝你!」我說道。我從椅子上起身走出辦公室,頭也不回地往大門走去。當我走到出口處的時候,我聽到有人一邊叫我的名字,一邊喊道:「等一等!等一等!」

那位業務員又把我哄回他的辦公室,告訴我他可以在所謂的最低價上再降低 13,500 元,這個新的最低價比我第一次給出的價格僅僅高出 500 元而已。

這個故事的重點在於:第一,要摸清買這輛車的價格底線是多少;第二,當你看到業務員做出吐舌頭的動作時,你就要知道他試圖僥倖地讓你接受所謂的最低價。

所以,不管是作為業務人員還是消費者,一旦你學會觀察人們所做出的各種微小的身體反應,那麼在討價還價的賽局中對你而言都是非常有用的。

撒謊時千萬別搔鼻子

你有過這種經歷嗎？說謊的時候感覺鼻子裡癢癢的，會不由自主地用手去觸摸，以緩解這種不適感。還記得義大利經典童話故事《木偶奇遇記》中的主角皮諾丘嗎？只要他一說謊，鼻子就會隨之變長。

美國幾位科學家發現，「撒謊導致鼻子變長」的說法並非空穴來風。他們解釋說，當人撒謊時，焦慮感會引發鼻子部位的血液流量增大而使之略微膨脹。儘管這一變化可能不明顯，其他人用肉眼也許根本就無法注意到，但撒謊者本人卻會因為鼻腔組織充血而感到刺癢並用手去抓撓。

幾位科學家甚至還深入研究了比爾·柯林頓就莫妮卡·陸文斯基事件向陪審團陳述的證詞。他們發現，柯林頓在說真話時很少觸摸自己的鼻子，但只要一撒謊，他的眉頭就會在謊言出口之前不經意地微微一皺，而且每4分鐘觸摸一次鼻子，在陳述證詞期間觸摸鼻子的動作有26次之多。

結合平時累積和大量實戰經驗，我們一致認為，觸摸或輕輕地擦鼻子（通常用食指）是撒謊的典型表情。

已故著名肢體語言交流專家雷·伯德威斯特爾（Ray L. Birdwhistell）教授在生前曾與一個年輕人討論他寫的一本書。當教授問年輕人對這本書的意見時，年輕人擦揉著鼻子，說他非常喜

第六章　解讀「微反應」—捕捉客戶已經被說服的細微徵兆

歡這本書。伯德威斯特爾教授見此情景，笑著說：「你說謊，其實你一點都不喜歡這本書。」年輕人愣住了，但他並不明白自己是怎麼露出馬腳的，只好承認自己只讀了該書的幾頁內容，就發現「裡面的內容有些乏味」。

這就怪那個年輕人不該在肢體語言交流專家面前擦揉鼻子了。

摸鼻子是一種常見的肢體動作，是否所有摸鼻子的動作都表示說話者在撒謊呢？一位微反應研究專家給出了答案：「用微表情來看人，也要注意這是不是一時的下意識反應，不要生硬地照搬微表情的教條。有些人習慣摸自己的鼻子，這不能判定他就是在說謊。」況且，如果直接把說話時摸鼻子解讀為「想要掩飾某些內容」，這讓那些有鼻炎的人情何以堪啊！

所以，我們千萬不要把每一個手勢解釋得那麼絕對。判定他人是否在說謊時，還需結合其他說謊跡象來進行解讀。有時候對方做出摸鼻子的動作可能只是因為花粉過敏、感冒，或者是被眼鏡壓迫而感到不舒服。

但是，在因鼻子不舒服而擦揉鼻子和因撒謊而觸摸鼻子，兩者之間仍然有著明顯的差異。因鼻子不舒服而撓鼻子時會非常用力，但因撒謊而觸摸鼻子的動作就會非常柔和，一般是用手在鼻子的下緣很快地摩擦幾下，有時甚至只是略微輕觸，幾乎令人難以察覺。此外，後者的動作看起來很優雅，並且常常伴隨

著其他手勢，如交叉雙臂、身體動來動去或者快速眨動眼睛等。

其實，當我們看到摸鼻子的動作時，如果能夠確定對方鼻子沒有不舒適，是可以逆向推導一步，得出對方激動（或緊張）的結論的。關鍵點是要分析對方為什麼會產生這種生理變化，是什麼原因導致了激動（或緊張）。是你提的問題，還是他回答的答案，還是此前發生過的某些事情，或者是此後可能發生的某些狀況。結合這些情境因素，排除病症等純粹的生理原因，也許就能分析出那個摸鼻子的人心裡在緊張什麼了。

不管怎麼說，我們都有必要提醒各位業務人員，下次就價格與客戶進行談判時，如果確實在底價上做了保留、撒了謊，那說話時千萬別撓鼻子！

單手托臉：揣摩還是厭煩？

由於我們在生意場上或社交生活中的成功與否要依賴個人的溝通能力，所以對於那些想知道自己的資訊被接收多少的人來說，對回饋資訊的了解和評估是極為重要的。

有許多特定的手勢表示一個人正在揣摩接收到的語言資訊。但是，如果不仔細觀察，這些手勢很難被察覺到。例如：一個年輕教師在講解某一原理時，發現一個學生緊緊地盯著她看，眼睛眨也不眨，身體筆直，幾乎沒有任何動作。或許她會認為這

第六章 解讀「微反應」—捕捉客戶已經被說服的細微徵兆

個學生正在全神貫注地聽她講解,但實際情況真是這樣的嗎?如果你的答案是肯定的,那你就錯了。因為有些人會努力表現出一副全神貫注的樣子,但事實上並非如此。

真正專心聽課的學生會坐在椅子的邊緣,上身向前傾斜,頭稍微偏向一邊,有時還會用手托住自己的臉頰。一個人的頭部傾斜,通常表明他不僅在認真聽別人講話,而且還在對語句進行揣摩。

正如一位作家在書中寫道:「當一個學生坐在課堂上逐漸被面前的問題吸引住的時候,他一般會塌下雙肩,攤開雙腳,撓著頭皮,並且做出許多無意識的動作。問題解決之後,他會坐正,整整衣服,再次恢復到正常的狀態。」

法國著名雕塑家奧古斯特・羅丹雕塑的〈沉思者〉,是對姿態語言進行深入了解的典範。誰會去懷疑這個雕像不是一個正在深思問題並努力尋求解決方法的人呢?在現實生活中,我們經常看到「沉思者」的姿勢或類似的姿勢。這說明那個人正在揣摩什麼很難辦或令人疑惑的事情。

需要注意的是,揣摩的動作很容易被人誤解成厭煩的動作。因為一個人對正在進行的事缺乏興趣時,同樣會單手托臉。只是後者眼皮低垂,眼神呆滯而已。所以,看到客戶做出用手托臉的這一動作時,業務員最好結合其眼神,做出準確的判斷。

如果客戶以手托臉的同時,還不時用手摸下巴,就基本可

> 單手托臉：揣摩還是厭煩？

以確定他此時已進入了深思狀態，正在仔細揣摩以做出最後決定。此時業務員最好把嘴閉上，因為此刻客戶不會去注意你講什麼，你如果還是喋喋不休地介紹產品，客戶就會覺得你像隻蒼蠅一樣煩人。你只要等他把手放下、頭抬起來的那一刻，記得要看著他的眼睛，這個單子談成的機率大概是99％。這時，只要微笑著問客戶：「您想什麼時候簽約呢？」然後安靜地等待客戶的回應即可。

如果客戶單手托臉的同時，還不時地用另一隻手擺弄桌上的小物件或把玩手中的東西，那基本上就可以確定對方表達的是厭煩的情緒。這個時候，業務員也最好不再多說，藉機退出，另謀其他能使他感興趣的切入點。

有時候，一個人會做出一系列批判性的揣摩姿勢。比如：將一隻手放到臉頰上，手掌把住下顎，然後伸出食指置於臉上，其他手指彎曲在嘴巴下方。這種姿勢說明，他不僅在揣摩別人此刻正在說的話，而且還在對別人提出來的觀點進行批判。

還有一種揣摩姿勢是：撫摸自己的下巴或鬍鬚（一些有鬍子的男人）。通常，當一個人準備做出決定的時候，就會出現這種「讓我考慮一下」的姿態。與該姿態相呼應的比較常見的臉部表情是：眼睛微斜，好像要從長遠考慮，看看問題的最佳答案是什麼。

把眼鏡滑落至鼻子上，透過眼鏡上方的縫隙觀察正在講話

第六章　解讀「微反應」—捕捉客戶已經被說服的細微徵兆

的人,也是一種很常見的揣摩姿勢。看到這種姿勢的人,會感到自己正在被人批判,並且為人所鄙視。如果這種姿勢是你的癖好之一,你必須意識到它可能帶給別人的消極效應。如果你不希望看到對方出現消極回應,就最好別做出這個姿勢。

戴眼鏡的人還有一種為了應付產生衝突和對抗的場合,或者是為了爭取更多時間來做決定的姿態,那就是慢慢地把眼鏡摘下來,並且小心地擦拭鏡片,即使鏡片很乾淨不需要擦拭,也會故意這樣做。人們在做出這一動作時,說話的語速通常很慢。

另外一種比較類似的爭取時間的姿勢是:取下眼鏡,將一邊鏡耳咬在嘴裡。這種姿勢說明這個人不僅在認真傾聽,而且在仔細思考對方正在說的話。

從坐姿看合作誠意

羅馬皇帝馬可・奧理略曾經說過:「人們生來就應該互助合作,如手如足,如眼瞼相依,若唇齒難離!」

事實正是如此。如果我們身體的各個部位不能相互協調運轉,那就麻煩了。同樣的道理,為了達到某些目標,我們也需要與他人合作,尤其是作為業務人員,敲定訂單的過程其實就是達成與客戶合作的過程。那麼,注意到以下這些表示合作的姿勢就至關重要了。

有一次，美國白宮智囊團成員之一、「談判訓練之父」傑勒德·尼倫伯格參加了一個研究會，主要討論一項極具科學價值的新產品。所要討論的內容包括專利權、權益情況、版稅、研究開發費用，以及如何說服委託公司生產和銷售該產品等各項問題。

討論剛開始，對方團隊裡一名至關重要的技術人員便出現了一種躍躍欲試的姿態：淺坐在椅子上，身體向前傾斜，踮著腳尖，就像短跑運動員在等待發號令一樣。尼倫伯格很清楚，這種「蓄勢待發」的姿勢的「潛臺詞」就是，他對正在討論的東西很感興趣。於是，尼倫伯格引導他提出一些技術性的疑問。當這些疑問被一一解答之後，他的態度顯得非常樂意合作。

其實，在剛開始的座位安排中，尼倫伯格就特意選擇坐在這位重要人物旁邊，以便更好地觀察他的一舉一動。可以說，這次談判進行得如此順利的關鍵就在於：尼倫伯格在第一時間發現了這位技術人員所表現出的願意合作的姿勢，並且善加利用，於是很快簽訂了這份雙贏的合作協議。

這就告訴所有業務人員，在與客戶談判時，如果發現對方的身體坐在椅子前端，腳踮起，呈現一種殷切的姿態，就表示對方準備好要讓步、要合作、要購買、要接受或要征服別人。這是一種積極的情緒，是一種願意合作的訊號，若善加利用，將大大增加雙方達成互惠協議的可能性。

我們可能都有過這樣的經歷：一個人最初十分合作，但後

第六章　解讀「微反應」─捕捉客戶已經被說服的細微徵兆

來他的態度發生了 180 度的大轉彎，事情也搞砸了；有人原本親暱地叫你的乳名，而突然變成正經八百地連名帶姓稱呼你了，輕鬆友善的笑容也變成了眉頭大皺。這就說明對方不想再合作下去了。

有一位商人在談生意時發現對方露出不快的神色，似乎不願意繼續和他談下去了。為了做成這筆生意，他仍然委婉地說：「我誠心誠意地要做成這筆交易，我已經把底牌都攤開給你們看了。」他本以為自己的態度如此誠懇，對方肯定會答應他，殊不知對方的態度更加強硬了。因為對方已發現了他的口是心非，難以信任，最後大家不歡而散。

為什麼會出現這種意料不到的結局呢？原來是他的雙腿洩露了他內心的真正感受。在說話時，他身體挺直，兩腿交叉，這一姿勢表示懷疑與牴觸，與他所說的「誠心誠意」正好相反，對方當然不願意與他簽訂這項協議了。

在買賣雙方交涉的過程中，當客戶準備提出問題時，一般不會交叉雙腿；當問題被提出來討論或進入激烈的爭論中時，一方或雙方總會把雙腳交叉在一起；如果有一方或雙方放下交叉的雙腳，並且向前傾斜身體，就意味著合作將要順利達成了。

有些人一坐下來就會蹺起二郎腿，這表明他深具戒心且懷有不服輸的對抗意識，充滿企圖心與自信，而且有行動力，下定決心後會立刻行動。不過，這是男人的情況，女性則稍有不同。

從坐姿看合作誠意

敢大膽蹺起二郎腿的女人，表現了她對自己的容貌或衣著服飾頗具信心，也表示了她懷有想要顯示自己的強烈欲望。因此，這種女人的自尊心很強，刻意賣弄風姿，與異性交往較隨便，熱衷於做老闆，但要贏得其芳心或以身相許並非易事。

所以，在推銷商品、談判或個人交往中，要注意那些架二郎腿的人。一旦對方交叉著架起腿，就是對你發出了要向你競爭、挑戰的訊號。這時，你必須提高警惕性，集中注意力，以免大意失荊州。而對那些一條腿搭在椅子的扶手上，蹺起一隻腳的人，我們更要引起警惕，因為這種人往往缺乏合作的誠意，對別人的需求漠不關心，甚至還會帶有一定的敵意。

飛機上的乘務員深有感受，腿部跨在座位扶手上的乘客的要求通常非常苛刻，且很難令其滿意。業務人員也發現，以這種姿勢坐著的買家向來很難搞定。這種行為表明，一個人在「無聲地」宣告自己在交易中的主導權和強勢地位。

人類學家認為，男人天生比女人更具「占有欲」。不過，男人和女人都能夠透過非語言的肢體動作表現自己的控制權。此類姿勢之一，即將一隻腳置於桌子上，一聲不響地展示出自己的「優越性」。

在某種環境下，我們還會擴展自己的控制權，比如把各種私人的東西，如書籍、紙張、筆記本或錢包等放置在某些空位上，從而防止其他人侵占該領域。

第六章　解讀「微反應」—捕捉客戶已經被說服的細微徵兆

舉個例子。學生們在圖書館讀書時，常常將自己的課本、作業簿等東西散放在桌子上，希望別人不要靠近。這一舉動明確地傳達出了「我想要私人空間」的意思。英國精神病專家漢弗萊‧奧斯蒙德（Humphry Osmond）將此稱為「社會離心空間」（sociofugal space，社會離心空間是一個人想像中的自己周圍的私人空間）。

事實上，我們大多數人每天都在不自覺地為自己創造社會離心空間。例如：看電影時，我們會把一件外套或一條圍巾放在身邊空著的椅子上，從而阻止其他人坐下；進入電梯之後，我們就像職業拳擊手進入拳擊場一樣，會立即找一個無人的角落站著。這些都是出自同樣的心理。

有時候，人們創造社會離心空間是為了防止不必要的人進入，而期待更合適的人到來。例如：一個坐在火車通道旁的座位上的人，將自己的公事包放在靠窗的座位上，直到看到一個漂亮女人靠近，他才會將自己的公事包拿走，讓座給她。

另外，當人們面對面站著時，還有一種公認的社會離心空間，即合適的距離。這個距離因地域文化不同而有所差異，並且與兩個人的關係有關。例如：相對於只有一面之交的人，你會與自己的丈夫（或妻子）靠得更近。

只要我們存在於一個人的心靈舒適區域之外，對方就會感覺很輕鬆。但如果我們侵入對方心中的私人空間，他就會感到很不自在。所以，我們要時常注意並維持好這一距離，以避免令其

他人感到不安。

雙腿分開跨在椅子上，以椅背當作一種屏障，是另外一種表示權威和主導優勢的姿勢。採用這種坐姿的人，不管他的表面上看來是多麼令人愉悅和友善，事實上可能並非如此。因為這種姿態表示他富有統治性和侵略性。所以，業務人員在拜訪潛在客戶時，絕不會出現這樣的坐姿，除非他不想談成這筆交易。

當一個人感到滿足、舒適和自信時，通常會身體向後傾，兩手抱住後腦勺，雙腿交叉成「4」字形。這種姿勢給人的印象是：自己才是掌控局面之人。

站著俯視坐著的人，也是透過非語言的肢體動作表現一個人的高傲。通常，在其他人面前抬高自己的身體能顯示出自己的主導地位。正因為如此，人們才將國王和王後的寶座建在高處。很多常見的描述詞語都代表著這種較高的位置，比如「殿下」、「高堂」、「敬仰」以及「瞻仰」等。

如果你想傳達對某個人的支配或統御，只要在他坐下的同時你站起來，或者坐在一個比他高一截的位置上就可以了。在做出這個動作時，你要多多注意，因為這樣做會引起對方的憤恨。如果你想與對方合作，最好消除這種假裝的高位，以平等的姿態與對方見面。

透過非語言的肢體動作傳達彼此平等的訊息時，最好採用林肯式坐姿，即雙腿分開坐在椅子上，手臂放在椅子的扶手

第六章　解讀「微反應」—捕捉客戶已經被說服的細微徵兆

上，並將衣服敞開。這是一個表示坦誠的、愜意的坐姿。當兩個人以林肯式的姿勢面對面坐著時，代表雙方都沒有在傳達某種優越感。

從雙臂看心情好壞

我們的手臂非常富有表現力，它們能夠有效地傳達大量的訊息。在任意場景下，只要知道一個人的手臂動作的幅度，就能判斷出這個人是否處於一種很自然的狀態下。說話者表現得越不自然，手臂動作的幅度就越小；手臂動作的幅度越大、越複雜，就越能說明他沉浸在自己的講述中。

●雙臂交叉在胸前，代表防衛

相信棒球迷們對這一情形早已司空見慣：在棒球場上，某裁判做出一個判決，而某隊教練不服這個判決。於是，這個教練跑到比賽場，衝到裁判面前指手畫腳地表示抗議，甚至握拳相向。

那個裁判用眼睛狠狠地瞪著怒氣沖沖的教練，將雙臂交叉在胸前（橄欖球裁判除外，因為他已經身穿護胸，不能做出雙臂交叉於胸前的動作，但他會將雙手置於髖部，下巴伸向那個對他的判決有異議的人），做出一種防衛性的姿勢。假如裁判認為

從雙臂看心情好壞

自己已經聽夠了,就會背向那個教練,以此表示「你的話太多了」,或者直接轉身離開。

交叉雙臂的姿勢是日常生活中極普遍的姿態,而且根據達爾文的研究,這種姿勢似乎在世界各地都代表著一種防衛心理。老師和老師在一起交流教學心得時,常用到這種姿勢;醫生和醫生在一起討論時,也常出現這種姿勢。小孩子們叉起手臂來抗議父母的嘮叨,老年人叉起手臂來維護自己的尊嚴。這種姿勢似乎可以使人穩如泰山,能對抗任何攻擊。

業務人員在與客戶交談的過程中,對方偶爾也會做出雙臂交叉的姿勢,以表示對某個環節或某項條款不滿意。業務員要在第一時間辨識這種防衛心理,找出激發它的原因所在,然後嘗試著傳播積極的情緒,這一點非常重要。很可惜的是,多數業務員都未曾注意到,更不要說做到了。

在沒有達成合作的案例中,我們經常能看到,業務人員提出的報價、條件等要求之所以沒有實現,往往就是因為客戶產生了防衛心理,但卻並沒有引起他們的注意,從而使其擴散開來。當客戶的態度發生了這種變化時,會使得協議或合約更加難以達成一致。

所以,每當我們發覺客戶叉起手臂時,也就是該自我檢討的時候了。因為,對方已經很明顯地表示出他打算結束這場談話。

進行一場雙贏的商務談判就像在湍急的河面上行船,所有人

第六章　解讀「微反應」—捕捉客戶已經被說服的細微徵兆

都必須意識到湍流的存在,並做出積極的回應,否則就會翻船。

● 雙臂分開,雙手抓住桌子,表示憤怒

做出這一姿勢的人或坐或立,都強烈地表達出:「注意聽,混蛋!我有話要說!」看看這幅畫面吧!一個部屬以這種姿勢對他的主管吼道:「你不同意?那好,我不幹了!」如果你沒有認清他人做出的這個姿勢和隨後即將爆發的帶有敵意、牴觸和破壞性的情緒,就可能會把場面搞得異常尷尬,更有甚者,會引發一系列嚴重的後果。

因此,不管是誰做出這個姿勢,你的客戶、老闆或員工也好,你的孩子也罷,你最好及早認清,趕快調停或保持沉默,千萬不要在對方的怒火上添油加醋,衝動地給予反擊,把人逼得情緒爆炸。不幸的是,在現實生活中,很多人卻是這麼做的。

相對手臂而言,肩膀的動作幅度比較有限。但是,如果你仔細觀察,依然能夠透過肩膀的動作搜集到一些資訊。比如:當肩膀放得很低、很直且不緊繃時,說明這個人很放鬆、很自信。如果肩膀向前低垂,頭也耷拉著,則表示這個人被打敗了、不高興或者很疲勞。

聳肩的動作(肩膀升一下降一下)通常伴隨著攤開雙手和手掌朝上而來,一副「你要我怎麼辦」的姿態。有時候,一個人在聳肩的同時雙眉也會挑起。

注意你的腳尖方向

在人體中越是遠離大腦的部位，其可信度越高。臉離大腦最近卻最不誠實，所以人們常常借一笑一顰來掩飾自己的真實想法。手位於人體的中間偏下，誠實度也算中等，人們也會偶爾利用它來撒謊。但是，腳處於人體的最下部位，遠離大腦管控，絕對比臉、手誠實得多。它構成了人們獨特的心理洩漏——足語。

比起手部動作來，足部動作顯然要少些，它們的表現因此要比手單純得多，而且當一個人感情激昂時，足部動作反而會更貧乏，所以足透露的情緒資訊往往被人們所忽視。然而，正因為人們總是忘記去注意自己的腳，它所提供的資訊也就更有價值，更能反映一個人的真實內心。正如身體語言大師喬·納瓦羅所言：「臉部表情可以裝，但是很少人知道如何偽裝雙腳的動作。」

●腳踝交疊，表示某人正在壓抑自己強烈的情感

當你看到某人兩隻腳踝相互交疊，你就應該注意此人是不是正在克制自己。因為人們在壓抑強烈的感覺或情感時，會情不自禁地將腳踝緊緊交疊在一起。有人開玩笑說，這種姿勢就像「急著上廁所而又不能去的樣子」。

在洽談生意或其他各種社交場合中，當一個人處於緊張、惶恐的狀況下時，往往會採取腳踝緊緊交疊、雙手緊抓椅子扶

第六章　解讀「微反應」—捕捉客戶已經被說服的細微徵兆

手的姿勢。航空公司的空姐們非常擅長解讀乘客的肢體語言。透過觀察乘客的腳踝是否交叉（尤其在飛機起飛時），她們能夠說出哪些乘客特別害怕飛行。類似地，我們還發現，坐在診療椅上的病人接受治療時，腳踝也會緊緊交疊著。由此我們可以判斷，處於這兩種情況下的人都在努力克制著自己的不愉快情緒。

通常，人們在工作或生活中遇到棘手的問題時，也會無意識地表現出腳踝交疊的動作。當事情得到圓滿解決，一切順利進行時，他們就會不自覺地分開雙腳。

● 腳尖對著的方向，往往是一個人真心在意的方向

業務人員在上門拜訪客戶時也許碰到過這樣一種情況。在你和對方說話的過程中，他突然轉動身體，把腳對著門口，而不是正對著你，這一姿態就意味著對方想盡快結束這次交談。你一接受到這個訊號，就應該誠懇地向對方這樣表示：「時候不早了，和您交談真是高興，時間不知不覺地過得真快啊！」

同樣，許多針對法庭行為的研究也得出了同樣的結論：如果法官不喜歡某個證人，就會將雙腳朝向他們之前走進法庭時的大門。

再比如：三個男人站在一起聊天，旁邊站著一個漂亮的女孩。表面上看，三個男人在專心交談，誰也沒有理會一旁的漂亮女孩，但實際上卻不是這麼回事，因為他們每個人都有一隻腳

的方向對著她。也就是說,三個男人都在注意那個漂亮女孩,他們的專心致志只是一種隱蔽真情的假面具。

此外,腳尖的方向也是推測人與人之間關係的親密程度的準繩。比如:兩個站著談話的人,如果腳尖對著腳尖,相隔距離很小,那麼就可以說明他們之間的關係極為親密;如果兩人的腳尖位置呈90度角或60度角,則說明他們不是很熟悉彼此,允許第三者來加入他們的談話。

所以,有的時候,當你看不準一個人的真實意圖時,不妨留意一下此人的雙腳,讀一下他的「足語」,相信會別有一番收穫的。這樣一來,你若想採取什麼行動就有了對策。

傲慢還是謙虛,看他的走姿

儘管人的腳步因地因事而異,但每個人的走路姿勢就像指紋一樣獨一無二。於是,我們就能解釋這樣一種現象:對於熟悉者,你不用眼見其人,僅憑那或急或輕或重或穩的腳步聲,就能判斷出個十之八九了。行為學家明確指出:「一般情況下,要判斷對方的大腦靈活性如何,只要讓他在路上走走,就可以基本了解了。」所以,根據一個人的走路姿勢,我們能夠判斷出這個人的內心特徵或者至少是當時的心情。

第六章　解讀「微反應」—捕捉客戶已經被說服的細微徵兆

● 兩手叉腰走路的人急躁

有些人走路時兩手叉腰，就像短跑運動員。他們可能是急性子的人，想以最短的途徑、最快的速度到達自己的目的地。這種人有很強的爆發力，在實施下一步計畫時常常做出這樣的動作。這個姿勢就像用「V」代表勝利一樣，成為了這類人的特徵。

● 雙手交握在背後走路的人有心事

一個人心事重重時，走路速度通常很慢，並且常擺出一副沉思的姿態，比如頭部稍低，雙手緊緊交握在背後。他偶爾還會停下來思考問題，低頭踢一塊石頭或在地上撿起一張紙看看，好像在對自己說：「不妨從其他角度來看待這件事。」這樣的人往往是碰上了難以解決的問題。

● 高抬下巴走路的人傲慢

有些人在走路的時候，下巴抬起，高昂著頭，手臂很誇張地前後擺動，昂首闊步地向前走，步伐沉重而遲緩，似乎在處心積慮地想讓人留下好印象。這種人通常很自滿甚至傲慢。如果不想與這樣的人對抗，那麼在他們面前最好表現得謙虛一點。

● 來回踱步的人正在思考

當一個人站起來，並在房間裡來回踱步時，通常表明他正在揣摩別人剛剛說過的話。在解決困難問題或做出艱難的決定時，

大多數人會出現這一舉動，因為人在站立時能更好地進行思考。

所以，當看到客戶在踱步，正處於沉思狀態時，業務員切記要保持安靜，耐心等待他開口說話，不要打擾他。因為那樣會打斷他的思緒，使他不能做出決定或提供最終報價。這也說明，有些業務員之所以沒能達成既定目標，正是因為他們無法保持冷靜。

有經驗的業務高手非常善於解讀這種「來回踱步的人」。當遇到一個正在踱步的潛在客戶時，他們通常會耐心等待。因為他們知道，這種姿勢表示客戶準備做出決定了。

● 低頭走路的人沮喪

一個人在沮喪時，往往會低著頭、拖著步伐將兩手插在口袋中走路，而很少抬頭注意自己往何處走。

● 雙手插在口袋中走路的人挑剔

習慣將雙手插在口袋中走路，即使天氣暖和時也不例外的人，往往非常挑剔，喜歡批評、貶低別人。這類人常給人一種神祕感，善於隱藏真實情緒，顯得玩世不恭。和這樣的客戶交流時，首先要在氣勢上壓倒他。

時不時把雙手抽出來又插進口袋裡走路的人，比較謹慎，凡事能三思而後行，但在逆境中容易心灰意冷。有時候這種做法也說明一個人很緊張。

第六章　解讀「微反應」—捕捉客戶已經被說服的細微徵兆

● 走路沉穩的人務實

有些人走路從來都是不慌不忙，即使在緊急關頭也是這樣。這種人辦事歷來求穩，三思而後行，比較務實。一般來說，這種人工作效率很高，說到做到。

● 走路前傾的人謙虛

有些人走路總是習慣上體前傾，而不是昂頭挺胸，看上去像駝背。這種人的性格大多比較溫柔內向，為人比較謙虛，一般不會張揚，很有修養。

● 走路匆忙的女人開朗

如果一個端莊秀美的女子以一種來也匆匆去也匆匆的方式走路，讓人感覺腳步凌亂，那麼基本上可以斷定，她是一個性格開朗、心直口快、不留心眼的痛快人。反之，如果一位看上去大剌剌的女人，走起路來卻小心翼翼，那麼這個女人一定是「外粗內細」的精明人，但人們往往會被她那豪放的外表所矇蔽。

● 走角落的人自卑

喜歡走角落的人，一般有自卑情結。性格大都有怪異的一面，說他無能，他又會做一件漂亮的事給你看看；說他厲害，他又非常謙虛；大家都說不能做某件事情，他偏偏就要去做。

這類人口頭表達能力不強，但寫作能力相當不錯，寫情書很在行。可惜他們的情書寫得再多，卻大多壓在枕頭下面。調

傲慢還是謙虛,看他的走姿

動這種人工作積極性的唯一辦法就是表揚他們,讓他們感覺到自己還是有很多長處和優點的。

第六章 解讀「微反應」—捕捉客戶已經被說服的細微徵兆

第七章
銷售前必懂的十大心理學效應

第七章　銷售前必懂的十大心理學效應

誘餌效應：「折中選項」背後的祕密

銷售是以商品和服務為基礎開展的活動，而衡量商品和服務最不可或缺的或者說最重要的一個因素就是價格。一直以來，商品的價格是消費者在商品的效能與品質之外考慮最多的方面，它是買賣雙方對同一商品的價值衡量的標準，當然，這也往往是銷售中最容易形成分歧的環節所在。

為商品制定價格是銷售中一個貌似簡單卻蘊含著很多玄機的環節，很多時候，往往就是定價戰術的合理應用，使消費者的心理在價格因素的影響下，產生了微妙的變化。

那麼，在銷售中，商品的價格究竟是如何影響人們的購買決策的呢？也許有人會搬出傳統的經濟學理論進行闡述，商品的價格隨供需關係的變化而圍繞其價值上下波動，而價值是凝結在商品中的無差別的人類勞動。對於這些經濟學課本上教給我們的知識，我舉雙手贊成其正確性，但這只是幫助你了解商品一般性原理的概念，在現實中行不通，也玩不轉。

這套標準的經濟理論建立在一些假設前提之下，經濟學的理論研究假設每一個參與社會商業活動的人都是理性的，而且每個人都有能力客觀科學地衡量出一件商品的真實價值，而且人們對於資訊的獲取和占有是完全對稱的。但恰恰就是這些一廂情願的假設前提，存在著致命的弱點，導致了現實銷售中所

誘餌效應：「折中選項」背後的祕密

發生的情況與課本描繪的大相逕庭。

讓我們暫且擱下對理論的敘述，首先來看一個非常有趣的案例。

全球著名的經濟學雜誌《經濟學人》曾經在它的網站上推出過這樣的徵訂資訊。

電子版雜誌：每年訂閱價格59美元。內容包括《經濟學人》網站全年所有線上內容及歷年以來各期《經濟學人》的所有線上內容的閱讀許可權；

紙本版雜誌：每年訂閱價格125美元。內容包括全年各期印刷紙本版的雜誌；

電子版＋紙本版的套餐：每年訂閱價格125美元。內容包括全年各期紙本版的雜誌、《經濟學人》網站全年所有線上內容及歷年以來各期《經濟學人》的所有線上內容的閱讀許可權。

看到這樣的報價資訊，或許有朋友會想，這有點不符合邏輯，為什麼只訂紙本版和訂閱電子版加紙本版的價格是一樣的。難道是雜誌的發行人員搞錯了價格嗎？答案顯然是否定的。這種定價方式依據的就是我們馬上要說到的「誘餌效應」。

「誘餌效應」是指人們對兩個不相上下的選項進行選擇時，因為第三個新選項的加入，使其中的某個選項顯得特別有吸引力。

「誘餌效應」是最先在消費品的選擇中被發現的，現在已經被證明是相當普遍的現象。經濟學認為，人們在做選擇時很少

第七章　銷售前必懂的十大心理學效應

做不加對比的選擇。那麼，為了讓消費者做出有利於商家利益的選擇，行銷人員會安排一些「誘餌」，引導消費者做出「正中商家下懷」的決策。

試想，如果沒有套餐選項的話，人們面對電子版和紙本版，其實很難比較出哪個更為適合自己，因為這不僅是所付出成本代價的比較，也是不同閱讀習慣之間的比較。但 59 美元的價格優勢顯然更容易讓多數人選擇電子版。畢竟在獲取同等資訊的情況下，人們更偏向於節省開銷。

但是加上了套餐選項之後，消費者的選擇比例就會發生很大的變化，因為紙本版和套餐選項之間的優劣是一目了然的。無論從任何角度看，選擇訂閱套餐都比只訂閱紙本版更為划算。

在這種情況下，除了少部分對價格極為敏感的人仍舊會堅定地選電子版，大多數人都將被這樣一個報價模式引向選擇訂閱電子版＋紙本版的套餐計畫。而 125 美元的紙本版選項，注定不會有任何人選擇。當然，從一開始，雜誌社就沒想讓人們去選擇這一項。這只不過是為了達到影響銷售所投放的一個小小誘餌罷了。

其實，現實銷售中，人們只有在很少的情況下能夠獨立依靠自身所掌握的資訊或知識評估出一件商品或一宗買賣的真正價值。更多時候，人們是以同類物品相互之間的比較來確定孰優孰劣，並以此做出消費決策的。有句古話叫「不怕不識貨，就怕貨比貨」，說的就是這一道理。對於購買者來說，運用貨比貨的

方式是一種避免吃虧上當的好方法,但如果從一開始被提供比較的所有貨品就在業務員的掌控之中,那麼結果就可想而知了。

麥當勞也是精於運用此種心理戰術的商家之一。漢堡、炸薯條加上可口可樂的超級組合為這個來自美國的速食企業贏得了全球第一速食品牌的地位。我想對於麥當勞的套餐,大部分人都不陌生。漢堡、薯條加上可口可樂的套餐價格小於漢堡價格、薯條價格與可樂價格的加總。對於必然要點選主食與飲料的消費者來說,這樣的套餐選擇比單獨點選每樣食品在價格上更為有利。

現在大家應該很清楚我們想要說明的問題了,在銷售過程中,為了讓買家做出賣家所希望做出的選擇,在備選的幾個價格選項中提供一組明顯具備相對劣勢的價格選項,使賣家希望被選中的那一項成為明智之選,這將會在相當程度上影響購買者的消費決定。

許多年前,美國廚具零售商威廉姆斯－索諾瑪公司推出了一種麵包機,但是銷量卻很一般,人們並沒有對陳列在商場貨架上眾多廚房用品中的麵包機產生太大的興趣。

推出的產品銷售慘淡是件急待解決的事情,但威廉姆斯－索諾瑪公司制定的解決方法卻讓很多人跌破眼鏡,他們不僅沒有下架原來滯銷的產品,反而推出了一種新的麵包機,它比當時已經上市的麵包機更大而且價格更貴。

第七章　銷售前必懂的十大心理學效應

事情似乎要朝著更壞的方向發展，但意想不到的結果是，新麵包機的推出讓原先的那種麵包機銷量大增。

這究竟是為什麼呢？讓我們來分析一下其中的原因。

事實上，人們很少會在沒有對比的情況下做出消費決定。而且大多數時候人們總是習慣於把同類產品進行對比，當貨架上只有一種型號的麵包機時，顧客很難把它與其他廚房用品放在一起做比較，所以顧客也很難做出是否購買的決策。

但是，當有了可對比的選項之後，情況就變得不一樣了。顧客在兩個都能滿足自身使用需求的商品中做選擇時，通常會選擇價格較低的那個。同樣滿足需求的情況下，節省開支會顯得比較明智，這是人們的共有心理。

正因為顧客的這種心理，威廉姆斯－索諾瑪公司推出的高價麵包機為原先滯銷的麵包機提供了對比參照，而且把原先的麵包機變成了對比之中更為有利的選項，其實後推出的高價麵包機是威廉姆斯－索諾瑪投放的銷售誘餌，透過誘餌來改善市場銷售情況。

麵包機的案例對現實的業務工作有何啟發呢？比如怎樣才能賺得更多的利潤？

假設你是公司老闆或銷售經理，手上有一系列的產品和服務有待銷售。那你首先需要了解的是，公司的高價產品至少會為你的銷售帶來兩點好處：

誘餌效應:「折中選項」背後的祕密

- 第一,高定價會迎合小部分消費族群的需求,並且會幫你塑造公司處於行業內高階地位的形象。
- 第二,高價產品帶來的另一個潛在優勢是,它會自然而然地成為你的銷售誘餌,讓次一級的產品價格看起來更具有吸引力。

其實,這樣的情況並非偶然,生活中只要稍加留意就不難發現,應用類似心理戰術對銷售施加影響的情況俯拾皆是。

在超市,我們會發現擺在貨架上的某款飲料,2升裝與2.5升裝居然都定價一樣,而且擺放位置也一樣。拿起來看看,除了容量不同之外別無二致。心裡覺得非常奇怪,還在想這樣一來,這2升裝的飲料賣給誰呢?再一思索,不禁暗笑自己的大腦短路。看來商家本就沒有打算把這種包裝的飲料當成重點來賣,這麼擺放的目的就是使另一種包裝的可樂擁有最為明顯的CP值優勢。

從誘餌效應中我們還發現了另一個很有意思的現象:消費者在比較兩個同樣能滿足使用需求的商品時,傾向於選擇價位較低的那個。但此時如果有價格更高的商品出現,顧客會放棄最便宜的那種而購買中間價位的商品。這就是伊塔瑪爾·西蒙森(Itamar Simonson)教授提出的「折中選擇」:當顧客有幾種類型的商品可選擇時,他們容易選折中選項——既符合最低限度的使用需求,又不會超過最高心理價位的商品。

第七章 銷售前必懂的十大心理學效應

有一個大家都熟悉且親身體驗過的例子,即餐廳的菜單:餐廳內最高價和最餐廳的菜往往不是大多數顧客的選擇,多數人點選的是中間價位的菜。這一可預見的現象可以有效地被加以利用,推出少部分高價的菜,同時把高價的菜與其他菜的選單放在一起,並且將較高的價格列在選單的頂端,列在顧客一眼就看得到的地方。這樣,中等價位的菜就會在高價誘餌的促進下,變得讓人更容易接受了。事實上,很多餐廳現在就是這麼做的。

當然,誘餌效應與折中法則並不僅僅適用於雜誌徵訂、麵包機銷售、餐廳點菜,任何有產品或服務出售的人,都可以透過推出高價產品讓其中間產品更受歡迎。高階產品的出現會推動次一等商品的銷售,所以,對誘餌效應和折中法則的合理利用在銷售中有著不可小看的作用。

破窗效應:環境也可以為我所用

對於心理暗示,心理學專家是這樣解讀的:「用含蓄、間接的方式,對人的心理和行為產生影響。心理暗示往往會使人不自覺地按照一定的方式行動,或者不加批判地接受一定的意見或信念。」可見,心理暗示在本質上,是一種條件反射。

那麼,人為什麼會不自覺地接受別人的影響呢?

要想回答這個問題,我們必須對一個人進行決策和判斷的

破窗效應：環境也可以為我所用

心理過程有一個初步的了解。其實，人的判斷和決策過程，是由人格中的「自我」部分，在綜合了個人需求和環境限制之後做出的。這樣的決定和判斷，我們稱其為「主見」。

一個「自我」比較發達、健康的人，通常就是我們所說的「有主見」、「有自我」的人。但是，人不是神，沒有萬能的自我、更沒有完美的自我。這樣一來，「自我」並不是任何時候都是對的，也並不總是「有主見」的。「自我」的不完美、「自我」的部分缺陷，就為外來影響留出了空間，為別人的暗示提供了機會。

但是，外來影響空間的存在、易受暗示的機會，並不等於一定會受到心理暗示。心理暗示的成功需要一個必要的條件，那就是受暗示者必須存在針對外來暗示者的自卑——覺得自己不如暗示者，覺得暗示者比自己高明，自己應該向其討教，自己必須接受他的判斷，自己必須接受暗示者的影響。

可見，心理暗示是指人接受外界或他人願望、觀念、情緒、判斷、態度影響的心理特點，是人們日常生活中最常見的心理現象。它是人或環境以非常自然的方式向個體發出訊息，個體無意中接受這種訊息，從而做出相應反應的一種心理現象。

心理暗示可以藉助很多的途徑和方法，其中，利用環境製造心理暗示就是一種很常見的做法。

美國史丹佛大學心理學家菲利普·津巴多於 1969 年進行了一項實驗：他找來兩輛一模一樣的汽車，其中一輛完好無損，

第七章　銷售前必懂的十大心理學效應

停放在帕羅奧圖的中產階級社區；另一輛把車牌摘掉，把天窗打開，停在相對雜亂的紐約布朗克斯區。結果怎樣呢？

停在布朗克斯區的那輛汽車當天就被人偷走了。而放在帕羅奧圖的那輛汽車一個星期也無人理睬。後來，津巴多用錘子把那輛車的玻璃敲碎了。結果僅僅過了幾個小時，它就不見了。

以這項實驗為基礎，美國政治學家詹姆士·威爾遜和犯罪學家喬治·凱林提出了一個「破窗效應」理論。他們認為：如果一幢建築物的窗戶玻璃被人打壞了，而這扇窗戶又沒有得到及時的維修，別人就可能受到某些暗示性的縱容而去打碎更多的窗戶。久而久之，這些破窗戶就對人形成一種無序的感覺，在這種公眾麻木不仁的氛圍中，犯罪就會滋生。

以上兩個例子都是就犯罪領域進行的，但環境對心理的暗示並不僅限於犯罪學的研究。從人與環境的關係這個角度去看，我們在生活中的很多行為都會受到環境的影響。自然環境、社會環境、社交環境，人們時刻都在受著環境的影響，可以說每一個人都是環境的產物。

在行銷學中，環境對銷售的影響同樣非常大，環境所產生的巨大而持久的暗示力量，能夠在潛移默化中影響著人們的商業行為。在銷售中，業務人員可以根據自己在銷售和談判中的預期目的，對環境暗示加以利用和掌握，從而在一定程度上改變客戶的心理狀態，取得銷售中的有利位置。

在銷售中利用環境進行心理暗示的方式可以有很多，下面

所列舉的是最為常見的幾種應用策略。

第一，利用熟悉的環境增加自己的從容與自信，把由陌生感造成的心理壓力留給談判對手，以爭取在生意中的主動。

一般來說，一個人在自己最熟悉的環境中，言談舉止表現得最為自信和從容。而陌生的環境則會讓人缺乏安全感，容易使人產生心理壓力。

日本的鋼鐵和煤炭資源短缺，日本的鋼鐵企業渴望購買煤和鐵等礦產資源。而澳洲富產煤和鐵，並且在國際貿易中不愁找不到買主。按常理來說，日本人應該到澳洲去談生意。但日本人在進行生意洽談的時候，總是想盡一切辦法把澳洲人請到日本去談生意。

澳洲人一般都比較謹慎，講究禮儀，而且在日本進行商業談判，澳洲人不會過分侵犯東道主的權益。澳洲人到日本後，日本方面和澳洲方面在談判桌上的相互地位就發生了顯著的變化。這就是為什麼日本公司在進行商業談判的時候，寧願花費大額招待費用，也傾向於將談判放到自己的主場進行。

第二，利用環境布置達到震懾對方心理的目的。通常人們在面對莊嚴或者肅穆的環境時，由於條件反射，會表現得緊張、謹慎和小心翼翼。

曾經有一家行銷培訓公司做過這樣的實驗，讓兩個接受測試的業務人員甲、乙分別去和公司的經理進行內容大致相同的

第七章　銷售前必懂的十大心理學效應

一次談話。

甲被安排的談話地點是一個裝潢十分考究，室內色彩以深色為主的辦公室，走廊及室內都陳列了名貴的家具及擺設。並且在與經理開始正式的談話之前，甲要經過祕書的仔細盤問。

而乙的談話地點被安排在一間普通的辦公室，房間的布置很隨意，色彩柔和。並且在乙前往談話的途中，祕書面帶微笑，非常友好地為乙提供路徑指引等幫助。

透過觀察甲、乙二人的實際表現後發現，甲、乙二人在與同一個人的談話過程中的表現大相逕庭。甲在談話中表現出了明顯的緊張與不安，而乙卻表現得從容自若。

第三，利用環境向消費者傳達一種高品質的暗示，利用環境來製造商品和服務的高階定位。

目前很多從事家居建材銷售的商家都在大城市推出了體驗店，把商品放置到模擬的環境布景中進行展示。店家透過精美的裝修，在體驗店內營造的燈光效果，劃分的空間布局等方面通常都會優於一般家庭的真實場景。這也是一種典型的利用環境進行的心理暗示。

這種銷售方式的好處在於，能夠對消費者營造出高品質生活的氛圍，讓顧客將對於布景的喜歡移植到產品品質上。好的商品和服務能夠讓消費者得到更高的心理滿足度，而消費者通常也很願意為這份心理滿足花費更多的錢。

其實不僅是家居體驗店如此，觀察一下身邊，房地產商推出的樣品屋，有些餐廳推出的音樂演奏服務等，都是利用環境傳達「高品質」的心理暗示。

在業務工作中，對於產品和服務本身的宣傳介紹很重要，但是也不要忽略環境的輔助作用。環境資訊會影響行為決策，巧妙地運用環境烘托或者渲染，能夠間接地對客戶施以心理暗示，或是引導，或是抑制，從而幫助業務員達到預期的銷售目的。

因此，業務員要善於利用環境，有些時候需要把一些原本不受重視的環境因素突顯出來，使其為自己的業務工作創造有利條件，最終贏得客戶。

羊群效應：在銷售中尋找領頭羊

羊是一種很可愛的動物，不僅性情溫順，而且還有著很強的紀律性：在一群羊前面橫放一根木棍，第一隻羊跳了過去，第二隻、第三隻也會跟著跳過去。這時候，如果把那根木棍撤走，儘管攔路的棍子已經不在了，後面的羊走到這裡，仍然會像前面的羊一樣，向上跳一下。這樣的群體盲目跟從就是所謂的「羊群效應」。

類似這樣的行為不僅出現在羊群身上，科學家們先後用實驗發現或證實了松毛蟲等其他動物也表現出了典型的從眾特徵。

第七章　銷售前必懂的十大心理學效應

法國科學家法布爾曾經做過一個有名的松毛蟲實驗。他把若干隻松毛蟲放在一個花盆的邊緣，使牠們首尾相接成一圈。在花盆的不遠處，又撒了一些松毛蟲喜歡吃的松葉。然後，松毛蟲開始一個跟一個繞著花盆一圈又一圈地走。直到七天七夜之後，飢餓勞累的松毛蟲盡數死去。可悲的是，沒有任何一隻松毛蟲改變路線選擇爬向不遠處的的松葉。

這些動物的行為看起來愚笨至極，引人發笑。可是看看現實生活中，人類自身的表現也好不了多少。類似的盲目行為在人的身上同樣存在。從眾是一種普遍的社會心理和行為現象，在很多情況下，人們都會表現出人云亦云的特徵。

「羊群效應」是由個人理性行為導致的集體的非理性行為。由於資訊不對稱的緣故，人們並不能得到做出判斷所需的全部資訊，那麼在無法形成獨立準確的判斷時，其他人的選擇自然就是最合理的參照，這也是群體盲目的最普遍的理由。

下面這樣的場景，我們可能並不陌生：

在一個大賣場門口的廣場，有商家正在進行某種商品的促銷活動。人們隨著擴音器裡傳出的招攬之聲慢慢湊了過去，到後來簡直到了裡三層外三層的程度。

就在這個時候，路過的人們反而有了更大的興致，越是後來的人越想擠到人群中去，甚至他並不知道裡面究竟在進行什麼活動。大部分人的想法是既然這麼多人在關注，那麼一定值得自己也加入進去。

羊群效應:在銷售中尋找領頭羊

又如,人們看到身邊的朋友都有了某件東西,會覺得自己也應該擁有一件。也許自己並不是真的需要這件物品,但是大家都選擇了,這件東西肯定值得擁有,而且應該擁有。

「羊群效應」對銷售活動能夠產生很大的促進作用,而且隨著銷售的持續成長,銷售成交會變得更加容易。

斯若特是電視購物最炙手可熱的節目企劃,擔任著美國幾大知名電視購物節目的編劇。她的企劃打破了家庭購物頻道近二十年來保持的銷售紀錄。

在節目中,斯若特運用的都是一些常見的電視購物行銷手段,如浮誇的廣告詞、狂熱的聽眾及名人的認可。不同之處在於,她僅僅透過改變電視購物節目中的電話用語,就使得購買產品的客戶數量大幅上升。是什麼樣的更改呢?什麼樣的更改能讓潛在客戶認為他們將要購買的產品是非常暢銷的呢?

原來,斯若特只是將購物專線的電話用語由「接線員正在等待您的來電,歡迎您立刻撥打」改為「接線員正在忙線中,請稍後再撥」。

表面上看來,這樣的更改說不定會讓顧客產生自己會在反覆重撥上浪費很多時間的感覺。其實,有這樣的懷疑是因為我們忽略了人們的從眾心理。

你可以試想一下,當聽到「接線員正在等待您的來電」這句話時,你在腦海裡會產生一幅怎樣的畫面呢?那麼多清閒的接

257

第七章　銷售前必懂的十大心理學效應

線員守著電話,或懶洋洋地修剪著指甲,或看著報紙。這幅畫面傳遞給人們的是產品銷售不佳的資訊。

現在你再想一想,當你聽到「接線員正在忙線中,請稍後再撥」時,你又會產生怎樣的推想呢?此時,出現在你腦海中的接線員不再是百無聊賴,而是忙於接聽一個又一個的購物電話,不得空暇。在修改過的電話用語的影響下,顧客會想:「如果電話忙線,肯定是其他同樣收看節目的人也正在打電話購買產品。」這樣,顧客就會受到其他匿名顧客的行為暗示而購買產品。

由此可以看出,周圍人的行為對個人有著不可忽視的影響力。雖然通常在詢問研究對象是否受他人行為影響時,得到的答案都是否定的。

在銷售過程中,如果業務人員能夠首先影響到一部分客戶,再轉由這些已成功的案例來影響其他潛在客戶,就能輻射到整個目標客群。

日本有位叫多川博的企業家,他曾經非常巧妙地在嬰兒尿布的銷售中運用了羊群效應。

多川博在剛開始做尿布生意的時候,雖然產品品質上乘,但是無人問津。面對生意清淡、銷售打不開局面的困境,多川博靈機一動,想出了一個辦法。他安排自己的員工去排隊購買自己公司的尿布。一時間公司門前熱鬧非凡,長長的隊伍引起

了人們的注意，吸引了很多從眾型的顧客加入進來。就這樣，多川博用虛假的銷售繁榮將公司帶向了真正的銷售繁榮。

在這裡需要指出的是，雖然運用這樣的心理戰術有可能幫助打開銷售的局面，但是想要銷售長久穩定，則必須建立在產品和服務貨真價實的基礎上，否則所銷售的商品在一時的暢銷之後，很有可能會給業務員帶來不必要的麻煩和困擾。

互惠效應：讓客戶產生虧欠的感覺

「給予就會被給予，剝奪就會被剝奪。信任就會被信任，懷疑就會被懷疑。愛就會被愛，恨就會被恨。」這就是心理學上的互惠關係定律。從古至今，無論中外，這種互惠心理都是人類普遍具有的一種心理特徵，而且會在現實中對人們產生很大的影響。

康乃爾大學丹尼斯‧雷根教授做過這樣一個實驗。在這個實驗中，兩個人（其中有一個是教授的助手假扮的）被邀請參加一次藝術欣賞活動，他們被要求為一些藝術品評分。當然，這只是為了創造一個實驗的氛圍，並不是實驗的重點。

在為藝術品評分的休息期間，假扮的實驗者會出去一會兒。等他回來時會出現兩種情況：一種情況是，他帶回來兩瓶可樂，其中一瓶贈送給受試者，一瓶留給自己；另一種情況是，

第七章　銷售前必懂的十大心理學效應

他兩手空空地回來，什麼都不帶。

在藝術品評分結束之後，假扮的實驗者和受試者繼續聊天。他聲稱自己正在為一家汽車公司銷售獎券，每張2美分。如果他賣掉的獎券最多，那麼他將得到汽車公司的一筆獎金。然後他問受試者能否買一些，多少都行。

最後的統計結果發現，中途獲贈一瓶可樂的受試者後來購買其獎券的張數，比未獲得免費可樂的人多兩倍。

實驗結果顯示，儘管贈送免費的可樂和推銷獎券並不是同時進行的，而且兜售獎券時也並沒有再提到可樂的事，但是受試者的頭腦中還是會受到先前虧欠感的影響，並願意對此禮尚往來。

人是生活在社會環境中的人，在這樣的群居環境中，對於接觸的人或事物有好惡之分就成為了一種必然，人們在心理上傾向於回饋曾經有施於己的人。但是，在這種心理影響下人們也會做出一些非理性的決策，「投桃報李」式的舉動有時並不是一種等值或者等價的交換，有時甚至可稱得上是得不償失的行為。

人們尋求互惠平衡的這種現象存在於生活的各方面，過去很多類似的古話與成語，包括「滴水之恩，當湧泉相報」、「來而不往非禮也」等等，這些都是互惠心理的表現。

互惠定律能夠發生作用的根源在於人們心中有一種不願虧

互惠效應：讓客戶產生虧欠的感覺

欠他人的心理傾向。這和經濟學研究中對每個社會個體都是理性逐利的假定是相違背的，但現實中的人們會經常表現出這樣的心理傾向，這也是為什麼很多經濟學的理論在現實中並不能應驗的重要原因之一。至於為什麼人們會表現出這樣的行為，是一個涉及哲學、道德與心理學的綜合性問題，究其形成的根源，更多的是人性與社會規範的合力結果。

一方面，社會規範告訴每一個存在於社會的個體，當被給予之後，應當以公平的態度做出相對應的表達。雖然這並不符合人性利己的一面，但這是社會規範或者說是聖人先賢們期望每個人都能做到的。千百年來的教育與影響，使得這樣的意識形態深植於人心，成為了促成互惠的重要動力源。

另一方面，在人的潛意識中，有著被關懷、被認同、被愛的強烈需求，這符合馬斯洛所描述的基本心理需求。一個人如果想要獲得其他人的認同與尊重，那麼他就必須做出符合大多數人意志的舉動，這會使得人們去迎合社會規範所要求他做的事情。

由於每個人都假設其他人會遵循同樣的行為準則，一旦有一方在某一回合置對方的好意或者利益於不顧，對方在下一回合就會做出交惡的舉動。為了使彼此的關懷與認同延續下去，人們會傾向於對對方的好意做出相應的回報。這就是為什麼人們在面對其他人做出的退讓或提供的幫助時會產生有所虧欠的感覺。

第七章　銷售前必懂的十大心理學效應

　　接下來我們將結合這種不願虧欠其他人的心理傾向，來分析現實生活中的一些銷售策略，看看它們究竟是如何在銷售中發揮影響作用的。

　　從市場效應來說，免費促銷這一手段一方面能夠引起人們的興趣與熱情，另一方面又容易使消費的人在不自覺中產生負債感。也正是這種雙重的特徵，使得無數商家一再將這一手段進行各種形式的演繹。下面我們將側重分析心理虧欠對購買決策產生的影響。

　　在美國，有一家銷售家庭及日常護理用品的公司，他們就在銷售中採用了一種讓客戶產生虧欠與負債感的促銷手段。首先他們將公司經營的日用品，諸如廚房清潔劑、除臭劑、拋光劑等放到一個精美的袋子或盒子中。然後讓公司的業務人員將這些試用套裝送往各個社區。

　　公司要求業務人員把這些試用品留在社區居民的家裡供他們試用幾天的時間，試用期結束後，業務人員會上門取走剩餘的試用裝。整個的體驗過程不收取任何費用，也沒有人會過問這期間究竟用掉了多少。在這樣的條件下，大多數的社區居民都沒有拒絕這種試用。

　　在試用期結束後，當業務人員再次上門去取回所剩的試用產品並徵詢試用意見時，大多數時候，業務人員都會大有收穫，很多試用了產品的潛在顧客，現在成了真正的顧客。

　　在上述這個銷售案例中，接受試用產品的人們在不知不覺

互惠效應：讓客戶產生虧欠的感覺

中已經受到了互惠原理的心理影響，在試用的過程中產生了負債感。為了平衡這種心理虧欠的感覺，他們會或多或少地選取一些商品來向業務人員下訂單。當然，這一切早就在業務人員的預料之中。正是靠著這樣的銷售策略，這家日用品公司在較短的時間內讓經營業績快速提升。

平日裡，我們在超市賣場也經常能看到免費品嘗或免費試用之類的服務。事實上，商家在推出這樣的促銷手段之前，已深知大多數人受互惠心理的影響，很難做出體驗之後立刻甩手走人的舉動。為了平衡心中的負債感，不少人會選擇購買一點剛剛品嘗過的商品，也許並不是非常喜歡，但只要不是很厭惡就足夠了，因為在這一剎那人們做出購買決策的主要參照依據，並不是基於完全的理性判斷。

有一些公司在與客戶進行商務活動的過程中，往往會安排一些與主題無關的輔助性活動。比如某些公司為潛在的客戶在談判前舉辦高爾夫友誼賽；某些企業在接待客戶考察時會將客戶帶到當地的風景名勝區觀光；某些供貨商在為廠商供貨時，額外贈送一些標準附件。凡此種種都是為了在正式的商業談判中爭取到主動權。

這些貌似不起眼的銷售小技巧，都是在應用互惠原理。很多時候，正是這些小小的舉動促成了一筆筆巨大的生意。

身為業務人員，如果你能在銷售的過程中注入情感，那麼

第七章　銷售前必懂的十大心理學效應

簡單冰冷的商品與貨幣交換過程就可以演繹成富含情感的溝通與互動。與其把這樣的方式理解為使用心理戰術，不如將其看作是銷售活動的一種昇華。因為人是三分理智、七分情感的動物，這樣的銷售方式會使得銷售的過程像一門藝術，而不僅僅是行為。

定錨效應：第一資訊的力量

心理學上有個名詞叫做「定錨效應」：在人們做決策時，思維往往會被得到的第一資訊所左右，第一資訊會像沉入海底的錨一樣把人的思維固定在某個地方。

我們來看一個實驗：

讓兩個學生都做對30道題中的一半。學生 A 做對的題目盡量出現在前 15 道題中，而學生 B 做對的題目盡量出現在後 15 道題中，然後讓其他人對這兩個學生進行評價：看誰更聰明一些。實驗結果發現，多數人都認為學生 A 更聰明。

為什麼會出現這種現象呢？這就是典型的定錨效應。最初接觸到的資訊所形成的印象往往會對我們以後的行為活動和評價產生影響，實際上也就是「第一印象」的影響。

第一印象所觀察到的主要是性別、年齡、衣著、姿勢、面

部表情等「外部特徵」。一般情況下，一個人的體態、姿勢、談吐、衣著打扮等都在一定程度上反映著這個人的內在素養和其他個性特徵。

第一印象對人們如何判斷一個人有著重要的影響。兩個素不相識的人，如果第一次見面時彼此留下的是正面的、良好的印象，他們就會希望繼續交往，增進關係；如果是負面的、不好的印象，他們就會拒絕繼續交往。

所以，留好第一印象是一個婦孺皆知的道理，為官者總是很注意燒好上任之初的「三把火」，平民百姓也深知「起步」的作用，每個人都力圖給別人留下良好的「第一印象」。第一印象總是在別人的心目中揮之不去，不管你發生了怎樣的變化，有了多大的進步或者退步，對方還是對你保留著原來的印象。

接下來，我們繼續來看第一資訊的力量是如何在銷售中發揮作用的。

人們在面對一類商品或者服務的時候，是否會願意接受第一眼看到的價格資訊呢？在銷售中，什麼樣的報價方式最容易被人們接受呢？人們在確定某一類商品的價格時，究竟受到哪些因素的影響？這其中是否會有規律和邏輯可循呢？

和客戶進行價格磋商是業務人員經常要面對的情景，很多時候銷售不能取得成功就是因為買賣雙方的心理價位不同，從而導致談判不能達成一致。那麼人們在對某一商品或者服務形成心理

第七章　銷售前必懂的十大心理學效應

判斷的時候究竟受到什麼因素的影響呢？定錨效應或許不是全部的原因所在，但可以肯定的是它是最重要的影響因素之一。

在銷售過程中，客戶普遍不情願一下子就接受得到的第一個價格，因為第一眼看到一個商品的價格時，人們無法確定這個價格的合理性。但是這個價格將使消費者留下深刻的印象，並且這個價格會成為以後對比同類產品與服務的「定錨」。當人們再次遇到類似產品與服務時，會將第一次獲取的價格作為衡量的標竿，並且據此判斷後面得到的價格是否可以被接受。

現實銷售中有一個有趣的現象，某個價格如果直接以一口價提出，多數人會無法立即接受，但如果先報一個較高的價格，然後再提出原本打算成交的價格，效果就會變得大不一樣。

小宋是一家系統整合公司的專案經理，最近他和他所帶領的小組正在為一個商業客戶做一個行業軟體的專案方案，所涉及的專案是一個企業銷售管理系統。對於這種基於資料庫的中小型企業業務管理軟體專案，他所在的公司擁有非常成熟的程式核心，只需要根據使用者的功能需求對程式碼稍作調整，並交設計部重新製作一份使用者介面即可。

第一次專案碰面會上，小宋帶著做得非常精美的專案企劃書和簡報，向客戶進行了完整的專案展示，並在客戶提出的需求基礎上加入了更為全面和複雜的功能，雖然他所新增的部分功能客戶也許用不上。

當然，看起來美好的事物是需要擁有者付出代價的。這套

業務系統軟體，小宋向客戶報出了100萬元的開發費用，而且自第二年起每年要另支付25,000元的軟體維護費。

客戶雖然對功能表示滿意，但卻抱怨報價太高，無法接受。對於這樣的抱怨，小宋並不意外，因為每次客戶都會提出一樣的抱怨。對於這類專案的報價談判技巧，小宋已經駕輕就熟了。他立刻像以往一樣，不僅沒有表現出不滿，反而表示將盡力為客戶著想，他會回公司與其他部門商討，重新調整功能和報價。

第二次，小宋帶給客戶一個新的軟體方案，在削減了兩個可有可無的功能後，他將價格報為65萬元，維護費也從每年的25,000元降到15,000元。結果這一次，客戶很痛快地就答應了，並且還主動提出要請他一起吃飯。

席間，每個人都露出了開心的笑容。小宋笑得最燦爛，因為這套方案他本來想賣60萬，那25,000元的零頭是作為公關招待費報的，沒想到這一單生意連飯費都省下了。

某種商品或者服務的價格資訊一旦在人們的頭腦中確立，在下一次面對同一商品或者服務時，第一次在頭腦中留下的資訊就會自然而然地成為人們在心中作為價位比較的測量標竿。所以說，這種方式很值得人們在做廣告宣傳或者向別人推銷產品時借鑑。充分利用第一資訊的力量，既留給別人選擇的餘地，又為自己爭取更多的領地。

正是由於上述原因，很多製造商喜歡為自己的商品提供建

第七章　銷售前必懂的十大心理學效應

議零售價。生活中最常見的例子莫過於汽車銷售。市場上的每一款汽車都有一個廠商指導價格，但幾乎沒有任何一輛汽車在現實銷售中是按照廠商的建議零售價成交的。提供廠商指導價格的意義是在消費者的頭腦中形成一個價格的定錨，以利於經銷過程中的實際操作。

蔡加尼克效應：激發客戶的「達到欲望」

你突然愛上了編織，每天回到家的第一件事情就是拿起棒針，一本正經地織毛衣。雖然只是重複動作，但是搞得茶飯不思，如果中途有別的事情打斷，只要有機會，就要接上。儘管並不急著穿。或者，你被一本小說迷住了，哪怕第二天早上有一個重要會議，你也會讀到深夜仍不想放下。

之所以會出現這種現象，就是因為人在潛意識中有一種有趣的心理傾向──對於工作和記掛的事情天生有一種有始有終的內在願望。在心理學中，人們將這種心理傾向稱之為「蔡加尼克效應」。

1927 年，德國心理學家蔡加尼克做了一個實驗：將受試者分為甲、乙兩組，同時計算相同的數學題。期間讓甲組順利計算完畢，而乙組計算中途突然下令停止。然後讓兩組受試者分別回憶計算的題目，結果乙組明顯優於甲組。

蔡加尼克效應：激發客戶的「達到欲望」

這種未完成的不快深刻地留存在乙組人的記憶中，而那些已完成的人很快地忘記了任務。這種現象就是蔡加尼克效應。

關於這種心理，曾有過這樣一個有趣的小故事：

一位愛睡懶覺的大作曲家的妻子為使丈夫起床，在鋼琴上彈出一組樂句的頭三個和弦。作曲家聽了之後，輾轉反側，終於不得不爬起來，彈完最後一個和弦。趨合心理會逼使他在鋼琴上完成他在腦中早已完成的樂句。

大多數人都有與生俱來的完成欲，要做的事一日不完結，便一日不得解脫。在業務工作中，很多商家經常利用人們的這種「達到欲望」。人們的趨合心理在某些外部條件的催化下，能夠激發起人們重複消費的欲望，從而使商家牢牢地綁住客戶。

在現實生活中，消費送積分已經是屢見不鮮的促銷手段。例如：電信營運商根據客戶每個月通話費消費額的多寡，按一定比例贈送話費積分；航空公司根據乘客的飛行里程贈送里程積分；各大銀行對於信用卡刷卡消費的客戶贈送消費積分……送積分活動的一個共同特點是：當消費積分達到某個額度以上時，消費者可以用累積的積分去兌換指定的商品或服務。

消費送積分這種促銷手段實際上就是利用人們的達到欲望而對消費者進行的心理暗示。一方面，這種做法為商家提供了在銷售中套牢客戶的契機，讓消費者繼續使用指定商家提供的服務，提高其忠誠度，從而保證客戶群的穩定性。另一方面，

第七章　銷售前必懂的十大心理學效應

這種做法有一個重要的意義：離目標越近，這種達到欲望就表現得越強烈。只有積分達到某一指定的額度才會有兌換的可能，因而隨著積分不斷累積，消費者會傾向於增加消費的頻次。

上述特性是約瑟夫・努內斯（Joseph C. Nunes）和沙維・德雷茲（Xavier Drèze）教授研究的結果。

在一項實驗中，研究人員向 300 名顧客發了洗車忠誠卡。同時對顧客表示，每洗一次車，忠誠卡上就會蓋一個章。忠誠卡分兩種，一種是滿八個章贈送一次洗車服務，這種卡一開始就是空白的，沒有加蓋印章；另一種是滿十個章贈送一次洗車服務，不過商家已經事先在卡上蓋好了兩個章。其實兩種卡都是顧客消費八次就能獲得一次免費洗車服務，不同的是後一種卡商家預先給蓋了兩個章。

接著，拿了忠誠卡的顧客開始來洗車了，每消費一次工作人員就在卡上蓋一個章。幾個月後，研究人員查看了實驗結果，努內斯他們的假設得到了證實。前一組中只有 19% 的顧客集齊了八個章，而後一組拿到兩個贈送章的顧客中有 34% 的顧客集齊了另外八個章。不僅如此，後一組顧客集齊印章的速度比前一組快，平均三天光顧一次洗車場，而前一組光顧洗車場的間隔天數比後一組多一天半。

努內斯和德雷茲表示，以消費積分換免費服務時，先贈送部分積分，比讓顧客從零開始更能促進購買。他們還指出，顧客離規定積分越近，購買行為就越頻繁。

由此，我們可以得到另一個啟示：如果想讓人們的達到欲望更好地發揮效果，那麼在設定達到的任務和目標時，最好不要太過艱鉅。一旦想要達到的目標變得遙不可及時，達到欲望就會與人們的畏難心理產生衝突，而這時候，畏難心理往往會占據上風，降低人們對假定目標的追逐欲望。

在生活和工作中使用心理除法是一項很重要的技巧，把聽起來很困難的事情拆分成若干個很容易實現的小目標。人們在面對拆分後的目標時，往往會有負擔減輕的錯覺，由此便會產生完成該目標的欲望和信心。

很多商家對於大額消費經常會推出分期付款的銷售形式，支持分期付款的廣告在我們的日常生活中俯拾皆是。我們經常會看到一些房地產商在銷售時著重強調首付金額很低，或者一些高級家電、筆記型電腦在做分期付款的銷售時會特別指出每月僅需還款幾千元。事實上，商家的這種銷售策略是在利用心理除法，讓原本很昂貴的商品感覺起來並沒有那麼貴，以消除人們的畏難情緒，從而激發起人們的購買欲望。

登門檻效應：得寸為什麼能進尺？

在銷售心理學上，有個著名的登門檻效應，是每個業務員都應該掌握的。所謂的「登門檻效應」就是，當你覺得對方無法接

第七章　銷售前必懂的十大心理學效應

受你的一個較高、較難的要求時，你不妨先提出一個小的、較易完成的要求，如果對方接受，你再慢慢地提出較大的要求，而此時對方接受的機率就會大大增加。這就好比登門檻，只要對方樂意稍稍打開一個門縫，讓你登了門檻，你就有可能進入室內了。

明朝還初道人洪應明曾談到過這個問題，他在《菜根譚》中寫下：「攻人之惡，毋太嚴，要思其堪受；教人之善，毋過高，當使其可從。」

1966 年，美國社會心理學家傅利曼（Jonathan L. Freedman）和弗雷澤（Scott C. Fraser）就做過一個驗證「登門檻效應」的經典性研究。

兩個大學生隨機訪問一組家庭主婦，提出一個小小的要求，請她們支持「安全委員會」的工作，在一份呼籲安全駕駛的請願書上簽名，幾乎所有家庭主婦都照辦了。兩週以後，由原來提出要求的那兩個大學生重新找到這些主婦，問能否在她們的前院立一塊不太美觀的大告示牌，上面寫有「謹慎駕駛」四個字。結果，大部分（55％以上）家庭主婦都同意了。

與此同時，讓另外兩個大學生訪問另外一組家庭主婦，直接向她們提出，能否在她們的前院立一塊不太美觀的、寫有「謹慎駕駛」四個字的大告示牌。結果，只有不足 17％ 的家庭主婦同意了這一要求。

登門檻效應：得寸為什麼能進尺？

還有很多研究都證明了登門檻效應的存在。例如：加拿大心理學家做的一個實驗：如果直接提出要求，多倫多居民願意為癌症學會捐款的比例為46％；如果分兩步提出要求，前一天先請人們佩戴一個宣傳紀念章，第二天再請他們捐款，則願意捐款的人數增加了一倍。

為什麼會有這麼大的差別呢？這是因為人們傾向於扮演慷慨大方的角色，當你一開始提出一個小要求時，大部分人都會答應，然後你再提出更大、更難的要求時，很多人會為了在你面前繼續保持先前那種慷慨大方的形象，迫不得已再答應你。但如果你一開始就提出大而難做的要求，因為它費時費力又難以成功，所以大部分人都會選擇拒絕你。

從中我們可以看到：一下子向別人提出一個大要求，人們一般很難接受，而逐步提出小要求，不斷地縮小與大要求的差距，人們則比較容易接受。這主要是由於人們在不斷滿足小要求的過程中已經逐漸適應，意識不到逐漸提高的要求已經大大偏離了自己的初衷。

對業務人員來說，「登門檻效應」是一個非常有用的心理學效應，並且已經被他們廣泛地應用於銷售活動中。

顧客在選購服裝時，精明的售貨員為打消顧客的顧慮，會「慷慨」地讓顧客試一試。當顧客將衣服穿在身上時，售貨員就會極力稱讚衣服有多麼多麼合適，並周到地提供各種服務。在這

第七章　銷售前必懂的十大心理學效應

種情況下,當售貨員勸顧客買下衣服時,很多顧客會難以拒絕。

在中古車市場,銷售商賣車時通常會把價格標得很低,等顧客同意出價購買時,再以種種藉口加價。據相關研究發現,中古車銷售商的這種方法往往可以使顧客更容易接受較高的價格。如果銷售商在一開始就開出高價格,顧客會很難接受。

掌握了這個銷售心理學效應的業務員,特別是銷售高難度產品的業務員,通常都不會直接向顧客推銷商品或說出最終的高價格,以免嚇跑顧客,而是會提出一個人們普遍能夠接受或者樂意接受的小小要求,一步步地最終達成自己的推銷目的。

稀缺效應:你買我也要買

中國有句古話叫「物以稀為貴」,這和西方經濟學中的稀缺性概念是不謀而合的。這句話不僅凝鍊地概括了商品的稀缺性,還指出了供給需求之間相互影響的變化關係。從經濟學的角度來看,當一種商品的供給量無法滿足實際需求量時,這種商品就會脫離其內在價值而出現價格升高的現象。

商品稀缺導致的高溢價是由於人們在心理層面上對於稀缺的商品總是會表現出更大的興趣和購買意願。在人性當中,人是以自我為中心進行思考的,人們對於稀缺物品會表現出強烈的占有欲望。這在人們的心理需求層次中屬於較高的層次,它

並不會像吃飯一樣，到了某個程度之後就顯示出飽的特徵。越是不容易得到的東西，人們越傾向於得到，以此實現在精神層面上的價值滿足。

在消費心理學中，研究人員把商品稀缺引起的購買行為增加的變化現象，稱為「稀缺效應」。

有了這樣的心理學和經濟學理論基礎之後，我們就比較容易理解人們在現實生活中所做出的很多非理性舉動了。甚至包括在愛情這個難以用價值去衡量的領域，越是難以追求到的愛慕對象，人們往往越是容易投入更大的精力。因為在人們的心裡都有這樣一種傾向──得不到的往往是最好的。

追逐稀缺資源的心理傾向就像是一種魔法，印證在人們生活各方面的決策中，在銷售領域也是如此。羅伯特‧西奧迪尼在其著作《影響力》一書中就曾經提到了下面這樣一個關於稀缺效應的有趣案例。

理查的工作是賣車，他既不是在汽車展示中心裡賣，也不是在中古車交易市場裡賣，而是在家裡賣。他常常會在週末買幾輛私人透過報紙出售的中古車，然後不加任何裝飾，只是用肥皂水把車洗乾淨，接著在下一個週末透過報紙以更高的價格賣掉它們。

要做到這點，理查只需要做以下三件事：第一，他必須對汽車有足夠的了解，這樣他才能挑選到有利可圖的二手汽車。

第七章　銷售前必懂的十大心理學效應

第二，一旦買到車，他必須寫一份有吸引力的廣告，激發起那些有意買車的人的興趣。第三，也是最關鍵的一點，一旦來了一個買車人，他必須知道怎樣利用短缺原理，使買車人更想得到這輛車。

從理查屢次獲得成功的銷售成績來看，他顯然知道怎樣做好這三件事。我們只要分析他在第三點中所使用的心理戰術就夠了。

通常理查會在星期天的報紙上為他在上一個週末買的車刊登廣告。由於他很善於寫廣告，所以一般他都會在星期天的上午接到一大串潛在買主打來的電話。對每一個有興趣來看車的人，他都會與他們約在同一個時間。假如有六個人要來看車，理查就會把他們都安排在下午兩點來。這種安排為有限的資源創造了一種競爭氣氛，也為順利把車賣掉鋪平了道路。

通常，第一個到達的人會按照標準的買車流程，仔細檢查車子，指出任何缺陷或不足，問價錢能不能再商量。然而，當第二個買車人趕到時，第一個人的心理狀態就發生了變化。對方的存在使每一個買車人覺得買到車的可能性受到了限制，汽車從這一刻開始具備了稀缺的屬性。

通常，第一個到的人會情不自禁地萌發出競爭意識，覺得自己有優先考慮的權利：「請你先稍等一下，是我先到這裡的。」即使他沒有宣告自己的優先權，理查也會替他這麼做。他會對

稀缺效應：你買我也要買

第二個買車人說：「對不起，但這位先生比你先來。因此，能否請你在車道另一邊等幾分鐘？讓他先看，如果他決定不買或暫時決定不下來，我會讓你看的。」

這時第一個買車人焦慮不安的心情可以從他的臉上看出來。幾分鐘前他還從容不迫地對車子的各方面做檢查，但現在卻突然感到機不可失、時間緊迫。假如他在幾分鐘之內不能決定是否按理查開出的價錢把車買下來，他可能就會把得到這輛車的機會永遠地讓給那個新來的競爭者。

第二個買車人同樣被競爭和有限資源的組合搞得很煩惱。他在一旁踱來踱去，很緊張地等著查看這堆突然間變得更有吸引力的金屬。假如頭一個人沒有買車，甚至沒有很快地做出決定，第二個人就會立刻衝上來。

假如兩個買主在場還不足以立即促成一個對理查有利的購買決定的話，一旦第三個預約者來到現場，理查的圈套就會「喇」的一聲牢牢收攏了。排隊等候的競爭者的壓力對第一個買車人來說實在是太難以忍受了。他會盡快地解除他身上的壓力，要麼答應按理查的開價買車，要麼匆匆離去。在後一種情況下，第二個人一方面因為前一個人沒有把車買走而鬆了一口氣，另一方面又會感到新來的買車人帶來的新的競爭壓力。

由於應用了這樣的策略，所以在大多數時候，理查總是能夠順利地將汽車賣出去。

第七章　銷售前必懂的十大心理學效應

在這個案例中，人們在這種「機不可失、時不再來」的氛圍下，通常都會急切地做出決定。但所有買家似乎都沒有意識到與他們買車有關的一個基本事實：促使他們做出購買決定的強烈欲望其實與商品本身的價值並不相關，這種強烈的欲望其實只是稀缺效應的作用結果。

人們之所以意識不到這一點有兩個重要的原因：第一，業務員製造出來的稀缺氣氛讓他們陷入了心理壓力之中，他們不再冷靜地思考問題，因為沒有時間供他們做全面的思考，遲疑就意味著永遠失去一個擁有這部車子的機會；第二，正是由於買家處於一種非理性狀態，他們已經忽略了購買車輛的最首要目的是駕駛它，轉而追求在稀缺資源的爭奪中擁有它。

從買車的真正目的來看，車子仍然是同一部車子，對於駕駛這個目的而言，車子的價值始終沒有發生變化。是業務員人為製造的稀缺性壓力提高了每一個參與競爭的人想擁有這輛車的欲望。

就像美國著名作家馬克・吐溫曾經在《湯姆歷險記》中描寫的那樣：「湯姆無意中發現了人類行為的一個重要定律，那就是要讓人們渴望做一件事，只需使做這件事的機會難以獲得即可。」

潘朵拉效應：未知引發的興趣

　　古希臘神話傳說記載：天神普羅米修斯盜來火種送給人類，激怒了眾神之主宙斯。於是，宙斯便決定懲罰普羅米修斯。

　　宙斯請眾神合作造人，他們先使用水土合成攪混，依女神的形象做出一個可愛的女人；再在這個女人身上淋上令男人瘋狂的激素，女神雅典娜還為她打扮，使這個女人看起來更加豔麗迷人；末了，宙斯讓漢密斯為其注入性格。這樣，一個真正的女人便出現在了眾神面前。

　　眾神替她穿戴整齊，大家一看，她有閉月羞花之容、沉魚落雁之貌。漢密斯出主意說：「就叫她潘朵拉吧，是諸神送給人類的禮物。」眾神連連稱妙。因為在古希臘語中，「潘」是「所有」的意思，「朵拉」則是「禮物」，「潘朵拉」即「被賦予一切優點的人」。

　　宙斯將潘朵拉許配給普羅米修斯的兄弟艾比米修斯為妻。臨行前，宙斯給潘朵拉一個密封的盒子讓她送給娶她的男人，並叮囑千萬別打開。離開宙斯來到人間後，潘朵拉捧著那個盒子心想：這是個什麼盒子？裡面裝的到底是什麼？主神幹嘛這麼神神祕祕的？

　　在好奇心的驅使下，潘朵拉終於還是偷偷地將盒子打開了，沒想到盒子裡面飛出了罪惡、禍害、災難和瘟疫等。這些人間原本沒有的東西，一下子蔓延開來。

第七章　銷售前必懂的十大心理學效應

　　這是一個廣為流傳的神話傳說，正是由於這個故事的存在，在後來的心理學研究中，心理學家便把這種由於好奇引起的「不禁不為、愈禁愈為」的現象稱之為「潘朵拉效應」。

　　「好奇」是人類的天性之一，好奇心驅使潘朵拉打開了災難的魔盒，也讓夏娃吞下了伊甸園的禁果。當然，除了能夠演繹這些神話故事之外，好奇心也是實實在在促進人類社會不斷向前發展的重要原動力。

　　那麼好奇心究竟緣何而起？它又將帶給銷售活動什麼樣的啟示呢？

　　首先，人有獲取未知資訊的客觀需求。人的一生中總是要不斷地與外界產生各式各樣的互動連繫，包括基本的生存需求，也包括更高層次的社會活動。但無論是哪一種互動過程，人們都需要在其中不斷地做出各式各樣的判斷與決策，這就要求人們必須不斷地獲取外部資訊。

　　其次，人們具備了獲知和儲存未知資訊的客觀條件。人的大腦堪稱是迄今為止最精妙的一種物質，它接收、組織、儲存資訊的能力遠遠超過生活的需求。科學研究顯示，人腦資訊儲存的密度高達每立方公分 101 個 12 次方位元（位元是資訊量的基本單位）。有人猜想人腦約有 1,000 立方公分的容量，其資訊的儲存量可達 1,000 兆個資訊單位。這一數量的資訊單位相當於美國國會圖書館藏書的 50 倍，而且人腦神經細胞的功能間每秒

潘朵拉效應：未知引發的興趣

可完成資訊傳遞和交換次數達 1,000 億次。人腦的潛力如此巨大，這為人們不斷獲取未知資訊提供了可能的客觀條件。

從本質上講，人的本性是不滿足的，好奇心就是人們希望了解未知事物的一種不滿足心態。客觀的需求與現實的可能，促使好奇心成為了人們的一種固有的心理本能。正是由於有著這樣的心理基礎，人們在生活中總是對未知的事物保持著相當大的興趣和熱忱。這樣的熱忱和興趣會一直伴隨，直至解開未知的疑惑。

Ａ市某知名銀行在剛開張的時候，為了在短時間內迅速擴大知名度，曾做過這樣一則廣告：某一天晚上，Ａ市的廣播電臺正在播放節目，突然間，所有廣播都在同一時刻向聽眾播放了一條通告：「聽眾朋友，從現在開始播放的是由本市國際銀行向您提供的沉默時間。」

緊接著，整個Ａ市的廣播電臺就同時中斷了十秒鐘，沒有播放任何節目。一時之間，Ａ市市民對這個突如其來的十秒鐘沉默時間議論紛紛。於是「沉默時間」成了Ａ市市民茶餘飯後最熱門的話題，而與此同時該銀行的知名度也得到迅速提升，很快就變得家喻戶曉了。

這則廣告策略的巧妙之處就在於，它違反了人們的思維定勢，按照人們頭腦中固有的意識，傳統的廣播電臺廣告應該由主持人對商家進行正面的誇讚。但這間銀行卻沒有在廣告中播放任何消息，取而代之的是以全市廣播電臺在同一時刻的十秒

第七章　銷售前必懂的十大心理學效應

鐘「沉默」。這樣的做法卻達到了「不告而人人皆知」的成效。

將好奇心理放到銷售推廣活動當中去看待，客戶解開疑惑的過程，也正是對商品的認知過程。如果準確地掌握人們的這一心理特徵，那麼往往能夠藉助「好奇」而一舉抓住人們的注意力。

義大利青年菲爾・勞倫斯創辦了一家七歲兒童商店，經營的商品全是七歲左右兒童吃穿看玩的。商店規定，進店的顧客必須是七歲的兒童，大人進店必須有七歲兒童做伴，否則謝絕入內，即使是當地官員也不例外。商店的這一招不僅沒有減少生意，反而有效地吸引了顧客。一些帶著七歲兒童的家長進門，想看看裡面到底「賣的什麼藥」，而一些帶其他歲數孩子的家長也謊稱孩子只有七歲，進店選購商品，致使勞倫斯的生意蒸蒸日上。

後來，勞倫斯又開設了二十多家類似的商店，如新婚夫妻商店、老年人商店、孕婦商店、婦女商店等等。婦女商店，謝絕男顧客入內，因而使不少過路女性很感興趣，少不了進門一看。孕婦可以進婦女商店，但無孕婦女不得進孕婦商店。戴眼鏡商店只接待戴眼鏡的顧客，其他人只得望「門」興嘆。左撇子商店只接待左撇子顧客，但絕不反對人們冒充左撇子進店。所有這些限制顧客的做法都達成了促進銷售的效果。

人們對未知的事物總是會表現出莫大的興趣，銷售中加以把握這一點，將會輕而易舉地讓你的產品或服務引起人們的注

意。但有一點需要注意的是，讓自己的商品引起人們的注意，只是實現銷售活動的第一步。人們出於對未知的探索而對某項商品或者服務形成的興趣，會隨著謎底的揭開而熱度褪去。

權威效應：說什麼不重要，關鍵要看是誰說的

雖然每個廠商都會說「顧客就是上帝」，顧客也覺得自己就是「上帝」，但在現實的銷售中，「上帝」卻往往做不了自己的主。「上帝」們總是被各種心理詭計所擒獲，其中很常見的一種就是權威效應。

權威效應事實上可以看作是羊群效應的一種特殊表現。人們在決策時所盲從的對象由大多數平常人變成了某一個具有一定權威的人。

人們在做某種選擇的時候，總是盡可能追求其選擇的正確性以避免損失，而跟隨權威人士給出的意見和建議，會讓人們的安全感倍增。權威之所以稱為權威，就是因為在某個領域，他們做得要比絕大多數人更為專業，也更為出色。所以權威人士成了人們推崇的楷模，成為了社會規範的代表，因此人們更願意相信、採納和跟隨權威人士所做出的判斷。

讓我們來看看，權威人士究竟有怎樣的影響力。

美國心理學家曾經做過一個實驗：

第七章　銷售前必懂的十大心理學效應

在向某大學心理學系的學生講課時，跟學生介紹一位從外校請來的德語教師，說這位德語教師是從德國來的著名化學家，並且在化學界有著相當高的成就和名氣。

接著實驗開始了，在試驗中這位「化學家」鄭重其事地拿出了一個裝有蒸餾水的瓶子，說這是他新發現的一種化學物質，有一種獨特的氣味，然後請在座的學生聞到氣味的舉手，結果多數學生都舉起了手。

權威人士的話竟然能使大多數學生不忠實於自我的知覺，轉而認為本來沒有氣味的蒸餾水有了氣味。由此我們可以看出，權威對人們的影響有多麼大，人們不僅願意相信權威的論斷，甚至願意改變自己的真實認知去迎合權威的意見。

在業務工作中，學會借用權威的號召力，達到對消費決策的影響，是業務員必須要掌握的基本銷售策略之一。

如果我們注意觀察發生在生活中的各類銷售活動，那麼我們不難發現，在我們的身邊就有很多權威效應的應用。很多商家在銷售商品的過程中為了證明產品品質很好，經常會提供某權威機構的檢測認證，或借用權威媒體來進行廣告釋出。

某晚報曾經刊登了這樣一則消息：

97.68％的成年人臉部都有蟎蟲感染，xx美容化妝品廠推出一種蟎蟲剋星──xxx護膚霜。該產品獲第xx屆日內瓦國際發明獎、首屆國家發明創作獎，由全國著名皮膚病專家xxx教授發明。

權威效應：說什麼不重要，關鍵要看是誰說的

在當時，這種護膚霜還是一種全新的產品，人們對於它的效果無從知曉，但是廠商卻很巧妙地利用了廣告，選擇在知名媒體刊登，並且擺出了該產品在國際和國內的獲獎情況，同時以權威數據和發明者的教授身分增強大眾對其的信任度，從而消除人們由於對產品陌生而產生的阻拒感。

每天在電視節目上，在報刊的廣告版面上，各類商品代言讓人目不暇接，而代言者基本上都是各行各業的專家或者某個領域的名人。即便為產品代言的權威人士所擅長的領域與代言的商品並無直接或必然的連繫，也不要緊。只要是由權威和名人代言，商家在大多數情況下都能夠收到很好的促銷效果。

在銷售活動中，需要正確合理地運用這種心理詭計。若以騙取利益為目的，利用權威效應弄虛作假，讓更多善良的人上當受騙，就會對社會和大眾造成極大傷害，也會給業務員本身帶來不良的後果。

國家圖書館出版品預行編目資料

走出價格僵局，「超預期價值」激增回購率：10 種成交策略 ×8 種話術表達 ×10 種暗示效應，拒絕當「一次店」，首次交易就建立長久客群！/ 心一 著 . -- 第一版 . -- 臺北市：樂律文化事業有限公司, 2025.01
面； 公分
POD 版
ISBN 978-626-7644-14-0(平裝)
1.CST: 銷售 2.CST: 行銷心理學 3.CST: 顧客關係管理
496.5　　113020283

電子書購買

爽讀 APP

臉書

走出價格僵局，「超預期價值」激增回購率：10 種成交策略 ×8 種話術表達 ×10 種暗示效應，拒絕當「一次店」，首次交易就建立長久客群！

作　　者：心一
責任編輯：高惠娟
發 行 人：黃振庭
出 版 者：樂律文化事業有限公司
發 行 者：崧博出版事業有限公司
E - m a i l：sonbookservice@gmail.com
粉 絲 頁：https://www.facebook.com/sonbookss/
網　　址：https://sonbook.net/
地　　址：台北市中正區重慶南路一段 61 號 8 樓
8F., No.61, Sec. 1, Chongqing S. Rd., Zhongzheng Dist., Taipei City 100, Taiwan
電　　話：(02) 2370-3310　　傳　　真：(02) 2388-1990
律師顧問：廣華律師事務所 張珮琦律師
定　　價：375 元
發行日期：2025 年 01 月第一版
◎本書以 POD 印製